寿《ことほ》ぐひと

原発、住民運動、死の語り

ドクターファンタスティポ★
嶋守さやか

新評論

はじめに

「ねぇ、ことほぐって知ってる？　『寿』って書いて、送り仮名は『ぐ』と書くの。慶びごと――古くは三河万歳に由来するとも言われているけれど、お正月に家々をめぐって祝芸を披露し、お慶びの言葉を伝えることをいうの」

ある日、あるとき、ある人が、私にこのように言った。この人はプロの写真家であった。「私も、自分の作品で慶びを慶ぶ方々に贈っていきたい。ホグホグしたいって思うの」とも、この人は私に言った。このようなやり取りが、本書をつくるきっかけとなった。

本書は、「寿ぐひと」たちの話である。扱うテーマは、サブタイトルに記した「原発、住民運動、死の語り」である。なぜ、慶び事、寿詞（「よごと」と言う）を舞い語るはずの「寿ぐひと」たちの話で、原発をめぐる住民運動や看護師たちによる死の語りを私は書くのだろうか。その理由を、ここで説明しておきたい。

まず、冒頭の「寿ぐ」やり取りに出てきた「三河万歳」から確認しよう。三河万歳は、家の繁栄と家族の健康を祈る寿詞《よごと》を「烏帽子をかぶり、大紋を着た太夫が舞い語り、才蔵が鼓を打って拍子をとる」祝福芸である。毎週日曜日に『笑点』(日本テレビ)が放映されているが、「現代の寄席の漫才はこの二人の道化問答から生まれた」(1)と言われている。

三河万歳は、江戸の大名家や、のちには東京にある華族の屋敷を訪れ、上がり込んでは芸を披露してきた。その様子について、次のように伝えられている。

慶長八(一六〇三)年に徳川家康が征夷大将軍となり、江戸幕府を開設したとき、まっさきに祝賀に参上したのが三河の万歳師たちだった。家康は大いによろこび、三河万歳に苗字《みょうじ》帯刀の上に武家風の大紋をつけさせ、諸大名の奥向きに参入する格式を与えた。以後、毎年正月の千代田城開門の式には、万歳の法印どもと護衛の武士との間に祝いのことばの唱和があって門が開き、年賀の諸大名は、万歳法印のあとに従って参殿し祝辞をささげ、万歳楽をうたい、舞うのが恒例となった。(2)

江戸時代の正月は町角の芸能が盛んで、とくに、正月を言祝《ことほ》(寿)いでの芸能が盛んであった。まず、太神楽《だいかぐら》がやって来る。太神楽とは「代神楽」のことで、本来は伊勢神宮に参って神楽を奉納すべきところを、門口や路上での神楽をもって代参奉納としていた。三河万歳もやって来て、正月の月は家々をめぐっていたのである。

太神楽や三河万歳といった門付け（門打ち）の芸能の多くは、農民の副業であり、正月から春先にかけての農閑期における江戸への出稼ぎであった。

「現在のように移動の自由が認められているわけではなく、自分たちの身の回りの世界以外はすべて異界とされていた前近代の社会では、異界から訪れる旅人は、畏怖の対象であると同時にマレビトとして新しい知識をもたらしてくれる存在」だった。「空也、一遍、行基といった偉大なる聖も時に出現するが、日常的には差別されつつも葬儀や祭礼などで欠くことのできない貧しい聖こそ、民衆の信仰と生活を支えていた」その旅は聖なる旅であり、俗なる旅でもあり、「旅中、賤視と迫害に遭いながらも民衆の幸福に寄与する聖」[3]というのが「寿ぐひと」の実像であった。

そこで、祭礼や葬儀という人の暮らしにおける「ハレ」と「ケ」の場面で、「民衆の幸福に寄与する」人のことを、本書では「寿ぐひと」とすることにした。しかし、なぜ「原発、住民運動、死の語り」なのか。

本書では、万歳のような祝福芸と「原発、住民運動、死の語り」といった地域社会問題の両者に共通するキーワードとして「想像力」と「現場力」を示したい。「地域を知る」、「日本を知る」、

（1）浅香淳（一九七九）『音楽中辞典』音楽之友社、三八一ページ。
（2）関山和夫（一九七〇）『中京芸能風土記』青蛙房、二四七ページ
（3）旅の文化研究所（二〇一七）『旅の民俗シリーズ第二巻　寿ぐ』現代書館、一〇八〜一〇九ページ。

「世界を知る」とき、その場に生きる人や暮らしを「想像」する。そして、自分の生活圏ではないところにいる人たちの心情に自身を重ねてみようとすることで、「現場」において自分に何ができるのかを考え、行動する力がこれまで以上に大事になってくる、と私は言いたいのである。

本書を著すにあたって、いろいろな地域を歩いてきた。沖縄・宮古島、敦賀市、山口・祝島、東京・山谷、カンボジア、そして私の地元である愛知県などだが、各所で原発建設問題、そして看護師の死の語りに耳を傾けてきた。「寿ぐ」ということは何かを知りたいと考え、宮古島のユタにも話を聞いてきた。旅行く先で話をうかがった人たちとは、食事をともにして聞くことにもなる。お土産や心のこもったプレゼントもいただく。よって、美味しい料理もたくさん食べた。本当にありがたいことだ。

話を聴く場で大事にしたことは、「これはフィールドワークではない」と意識することであった。各地に数日間滞在して、見て知ることには限界がある。かぎられた知見を調査の成果だとし、「フィールドワーク」あるいは「視察」と名乗ることは、まったくもっておこがましいことである。「偏見を得ようとするなら、旅行するにしくはない[4]」。この言葉は、旅行先で得た儚い印象から、いかに確乎たる印象をつくり上げてしまうかということへの警告、あるいはそうならないようにと自戒する旅人としての心構えであると、私はいつも心に留めている。

そのうえで、現場にいた私は何をどうしていたのか。まず、その地に生きている人がいて、その人たちが生きている現実があるということを重く受け止めていた。そして、自分が「無知だ」ということを忘れないでいた。さらに、「異界のマレビト」、つまり旅人である私が、縁のあった場所で何を知り、考え、伝えたいのかを自問し続けることを忘れないようにしていた。

そのおかげなのだろう。無知で想像力すら及ばないからこそ飲み込み、飲み込まざるをえなかった言葉が本当にたくさんあるということを知った。

一二世紀から一六世紀にかけての約四〇〇年、各地で実に多くの戦《いくさ》があり、多くの死者が出た。その死霊が怨霊となって現世の人に祟《たた》るとされ、怨霊を鎮めるための供養がなされた。しかし、地方の庶民社会にまではなかなか及ばなかった。そこで一遍（一二三九～一二八九）は、諸霊供養のために諸国を遊行した。とくに、不慮の死を遂げた死者の霊を懇《ねんご》ろに弔って歩いたという。

鎮魂や祈禱をする「寿ぐひと」であった一遍上人は、難しく説かず「ただ念仏を唱えて、踊る。それで、悪霊も穢れも祓われて救われる」(5)としていた。また、「誰もが願力に乗ずるときすべてが往生の機会を得る」(6)とされた。そして、「舞い狂うことによって、無我となり神懸かりもする」ともされていた。

(4)　伊丹十三（二〇〇五）『ヨーロッパ退屈日記』新潮社、九五ページ。
(5)　旅の文化研究所（二〇一七）前掲書、一二ページ。
(6)　前掲書、一四ページ。

では、その人たちはなぜ歌い、踊っていたのであろうか。そこに、「場への諦め」と「それに抗うための怒り」があったからだと私は思っている。事実、私が訪れた八重山や宮古島には、「人頭税制で横暴な士族への恨みや憎悪を歌にして、人知れず歌っていた。歌うことによって人々は怒りを押さえていた」(7)という歴史があった。権力や権威に「服従」しているように見せてはいるが、「反発」を歌にして遺《のこ》し、歴史に刻んでいたのである。

原発建設などといった暮らしの運動があるところには、「その出来事が起こる以前の、その地域の共同体に生きられていた幸福な日常風景」(8)があったと民俗学者の赤坂憲雄さん（学習院大学教授）は言っている。国策に翻弄され、それと抱き合わせの繁栄が地域にもたらされ、その「みやこぶり」を喜んだ人たちもいれば、「補償金の多寡で地域が分断されていくとか、密告社会になってしまって人の心がすさんでいくとか、助け合うと同時に妬み合い足を引っ張り合うような人の姿」があった。作家の赤坂真理さんは、このことを「喜びながら毒を抱えてしまった」(9)と表現している。

二人の赤坂さんの話は、作家石牟礼道子（一九二七～二〇一八）が著した『苦界浄土』の水俣に関したものだが、問題の核心は現在の原発や住民運動、生死の問題に通じる。だからこそ、赤坂真理さんの言う「喜びながら毒を抱えてしまった」のはいったい誰なのかを、改めて問うことが重要だと私は思っている。「喜びながら毒を抱えて」いるのは、まぎれもなく私たち国民のすべてだと考えているからだ。

「私たちが市民としての個を救い合うための拠点」は、かぎりのない経済的な満足にはない。まず、権力への恨みや憎悪を声に変えていくことによって生まれる。声を願いに変えていく。今、私たちの世界では、「市民としての個人は、つながり、戦い、訴えることによってしか、自らを救えないことがある[10]」という状況になっている。

だからこそ、「市場や制度に翻弄されるのではなく、生活上のさまざまの問題にじぶんたちの手でそれなりに対処できるよう、小さなサイズのコミュニティを足下から一つひとつ再構築していこう[11]」という哲学者の鷲田清一さん（大阪大学名誉教授）の言葉に私は胸を打たれてしまう。

鷲田さんが示す「理想や理念を基に『アンチ』を唱えるのではなく、むしろ少しでもよい現実を置き石のように積み上げてゆこうとする態度」を私たちの内に形成し、「信頼、助けあい、お

（7）佐渡山安公（二〇一九）『宮古島ふしぎ発見　カンカカリャの世界』かたりべ出版、三二〇ページ。
（8）赤坂憲雄（二〇一九）「民俗学者は石牟礼道子を畏れていた」『機』第三二五号、二ページ。
（9）赤坂真理（二〇一九）「『苦海浄土』で心身が癒えた」『機』第三二五号、五ページ。
（10）田中優子（二〇一九）「私たちの春の城はどこにあるのか？――『完本　春の城』の解説から」、藤原書店編集部編『石牟礼道子と芸能』藤原書店、九四ページ。
（11）鷲田清一（二〇一九）「小さな〈肯定〉」内田樹編『街場の平成論』晶文社、一五三ページ。

つきあい、憐れみ、共感」といった「徳目[12]」を醸成する術《すべ》を、本書を通してみなさんとともに模索していきたい。

とはいえ、石牟礼道子さんの記述「憂国の志情《しなさき》」にあるような、「時代のただ中にとび込んで、その精神を読み解く力」は、残念ながら私にはない。また、本書が「いちばん底辺のところで、世相を感じることができるようなつくりになっている[13]」のかについても、甚だ微妙なところと言わざるをえない。

ただ、「目に映る物が美しかったり、恐ろしかったりもするんだけども、せめて美しく見えたことを思い出すために、思い出すために書き留めておきたい[14]」ということに私は心から共感している。私が訪ねた各地域における、人の命と暮らしの佇まいと、そこで出逢えた「寿ぐひと」の姿を伝えることができればと私は思っている。

最後に、人の命と暮らしの佇まいを描こうとする私が、ここでお伝えしておきたい言葉がある。それは、作家の田口ランディさんが述べる次の言葉である。

けっして、こちらの考えを押しつけることがないようにと、心を配りながら言葉を選んでおりますが、いろいろな宗教、信念をお持ちの方がいらっしゃいますので、もしお気に障る表現がありましたらどうかお許しください。（中略）死と向き合っている方と、どんなお話

——をしたら、お互いの心が通じ合うのか。この本がご参考になりますことを、心から願っております。(15)

さて、そろそろ「寿ぐひと」の話をはじめることにしよう。

頃は幸せ、時に今、令和のはじまりに寄せて。

(12) 鷲田（二〇一九）前掲書、二五三ページ。
(13) 石牟礼道子（二〇一九）「憂国の志情——あとがきにかえて」、藤原書店編集部編『石牟礼道子と芸能』藤原書店、二九二ページ。
(14) 石牟礼道子・伊藤比呂美（二〇一八）『新版　死を想う　われらも終には仏なり』平凡社、一四五ページ。
(15) 矢作直樹・田口ランディ（二〇一四）『「あの世」の準備、できていますか？』マガジンハウス、五〜六ページ。

もくじ

第２部　看護師による死の語り

第1章　孤独死の看取り、その後　105

寿《ことほ》ぐひと

原発、住民運動、死の語り

ことーほぐ【寿・言祝】

〔他ガ五（四）〕（上代は「ことほく」。「言（こと）祝（ほ）く」の意）**ことばで祝福する。よろこびを言う。祝福する。賀す。ことぶく。**

補注　ことばに現実をあやつる力があると信じられていた日本古代の言霊（ことだま）思想を反映した語であるとみられる。現代語においても単なる慶事というよりは日本古来の精神的伝統に合致した祝いごとについて用いられることが多い。例えば新年、結婚、長寿、事業の継続や達成などの祝辞には用いられても、学校の合格や卒業、選挙の当選祝いには適切ではない。

諸源説　（1）ホクはホム（褒）に通じる。（2）ことばで賛える意。ホグの原義は秀。（3）ホグはハク（吐）の義。（『日本国語大辞典第二版　第五巻』小学館、二〇〇一年、九三九ページ）

プロムナード――「寿《ことほ》ぐ」への道行き

「寿ぐ」って何だろう？　「寿ぐひと」って、いったい誰のことなのだろうか？

そんなことを考えていた二〇一九年五月、仕事で沖縄の宮古島に帰ることになった。あまりにも宮古島が好きな私だ。「私は、宮古の子だからー」とよく口にする。そう言うと、「そうさー」と笑って受け止めてくれるのが松川英文さんだ。松川さんは、私が宮古島でのステキすぎる毎日の大半を過ごした、「ふれあいプラザ宮古」(1)の所長である。久しぶりにお目にかかったのだが、色男ぶりは相変わらずであった。

松川さんには、宮古島の「カンカカリャ」に会いたいとお願いしていた。カンカカリャとは、宮古島のユタ、つまり巫《こうなぎ》、神人《かみんちゅ》のことだ。松川さんは、宮古島に住む根間忠彦さんという人を私に紹介してくれた。後日のことだが、名古屋に帰るときに根間さんがくれた本が、宮古島空港の書籍コーナーの真ん中に並べられていたのを見て度肝を抜かれた。

（1）〒906-0012　沖縄県宮古島市平良字西里1472-82　TEL：0980-72-6668

私が書いた『せいしんしょうがい者の、ステキすぎる毎日』では精神保健福祉士の実習生として紹介した波名城翔君《はなしろしょう》（現在は琉球大学社会学部人間社会学科講師）に根間さんのことを聞くと、「知ってる！　超有名人！」と答えてくれた。内地のテレビ局に取材されたとも言っていた。そんな人に、私はお目にかかったのだ。

根間さんから、私は二時間ほど話をうかがった。根間さんは沖縄特有の三段の神棚の前で、カンカカリャになるまでの道行きを話してくれた。大学時代にはカンダーリ（神懸かり）で歩かされたこと、姉ともさらに歩かされたのちにカンカカリャになったが、お酒に苦労して大変な経験をしたことのほか、今は、「んまてぃだ祭り」(2)を主催し、社会活動に貢献していると言った。

「本当に辛くて苦労したけど、人のニガイ（願い、御願《うがん》のこと）だとか人の相談だとかするのだから、人としての苦労を知らないとさー。私は神人だからねー」

根間さんと著者

涙を流しながらこう言った根間さんは、「力まず、おごらず、さげすまず実に自然に優しさと、誇りとはにかみを浮かべて」いるような人だった。(3)人としての哀しみが分かるからなのだろうか、根間さんは「いつも後ろめたさと恥を知っている」(4)ような顔をしていた。しかし、根間さんの話を聞くかぎり、神人とはそれにしてもたくさん「歩く」もんだと感じてしまった。神さまに「歩かされている」のだろうか。

わが子や十余《とおよ》に成りぬらん、巫《こうなぎ》してこそ歩《あり》くなれ

ふと、平安時代に編まれた歌謡集『梁塵秘抄《りょうじんひしょう》』の法文歌（三六四）を思い出した。(5)この巫は、特定の神社に所属しないで諸国をめぐって歩く下級の巫女だ、と解説に書かれていた。

（2）小金沢昇司や細野晴臣とレコーディングしたアルバムに収録された大ヒット曲『すべての人の心に花を』の喜納昌吉さんも出演した大規模な音楽祭。篠崎弘（二〇〇三）「喜納昌吉」、池沢直樹『オキナワ何でも事典』新潮社、一四七～一四八ページ参照。
（3）悠木千帆（一九七五）「ジュリーの魅力」『いつも心に樹木希林～ひとりの役者の咲きざま、死にざま～』キネマ旬報社、二〇一九年、七三ページ。
（4）悠木千帆（一九七五）前掲書、七三ページ。
（5）『神楽歌　催馬楽　梁塵秘抄　閑吟集』臼田甚五郎・新間進一校注・訳者（一九七六）小学館、二九五ページ。

その昔、「遊行《ゆぎぎょう》」という旅があった。先に記した、踊り念仏で有名な一遍上人のことだ。

「一二世紀から一六世紀かけての約四〇〇年というもの、各地で実に多くの戦がくりひろげられた。そして、多くの死者が出た。その死霊が怨霊となって現世の人にたたるとされ、怨霊鎮めの供養がなされた（中略）が、地方の庶民社会にまではなかなか及ばなかった。そこで、一遍は諸霊供養のために諸国を遊行することになった。とくに不慮の死をとげた死者の霊を懇《ねんご》ろに弔って歩いた(6)」と言い、「遊行聖」とも言われている。

舞い狂い、無我となり神懸かりする「聖」は、「もともとは日を知る、つまり天文運行をよく知り暦に関わる人」だった。「暦を売ったり占いをしたり、万歳などの予祝芸能をしながら旅を重ねていったその存在も、聖の一つの形態であった(7)」のだ。

このように考えたら、俄然「寿ぐ」とは何か、また「寿ぐひと」とは誰なのかということに合点がいった。「旅する聖《ひじり》」が「寿ぐひと」なのだ。

神さまに「世界平和祈願の命をうけ、これまで各地の御嶽御願《うたきうがん》」と宮古世界平和祈願祭を執り行ってきた根間さんは、「膝の痛みが取れたならば日本各地の被災地をめぐり、祈りたい」と言った。「一つの国が滅びるのは戦争によってではない。天変地異でもなければ、経済的破綻でもない。その地に住む国民の道徳心が失われたときにその国は滅びる」。しかし、「一人ひとりが安《あん》寧《ねい》を願い行動することで世界が変わっていくと信じます」と言う根間さんの祈りは、世界平和を

実現する私たち一人ひとりに対する純粋な願いであった。(8)

「根間さん、実は私、根間さんが『回りたい』って仰った地域を、実は旅する機会に恵まれてきたんです。自分の意志もありますが、偶然に導かれるようにその場を訪ねてきました。そこで起きた日に知り、その地域の人たちが祈るように守り続けている日々の暮らしの営みを、『寿ぐひと』という本に書きたいと思っているんです」

こう言って本書の「もくじ」を見せると、根間さんは大層驚いて次のように言った。

「はっ！　今、私がさやかさんに言った話そのままじゃないかー。人の暮らしを守る祈りと人の命を見守る願いとは、驚いた！」

「はい。私は何も言っていないのに、根間さんが私の考えていることをそのまま話されるので、本当にビックリしながら聞いていました」

このように答えた私に、根間さんの話が書かれている『宮古島ふしぎ発見　カンカカリャの世界』の表紙を開いて、次のように書いてから私にわたしてくれた。達筆だった。

---

(6) 旅の文化研究所（二〇一七）『旅の民俗シリーズ　第二巻』現代書館、一二一ページ。

(7) 前掲書、八四～八五ページ。

(8) 「第三回世界平和祈願　んまてぃだ祭り」パンフレット。んまてぃだ祭りは宮古毎日新聞社、宮古新報社、エフエムみやこ、ラグーンミュージックの後援により、んまてぃだまつり実行委員会により主催されている。

さやか様
相互の出会いが　世の太陽の光を結び
幸と幸福を産み
平和な環境になさんことを願い祈る
愛　　根間忠彦

最後に、根間さんが言った。

「さやかさんの本を書いたらいいさー、ね」

こうして、『寿ぐひと』という本を私は書きはじめることになった。

佐渡山安公（2019）かたりべ出版

第1部

暮らしの祈り

第1章

表決権がある——敦賀市議会議員、今大地晴美《こんだいじはるみ》さん

1 「知らない」は無関心の言い訳にならない

「リーゼントワーク？」

そう答えた私の頭の中では、「ツッパルことがおとこの～、たった一つの勲章～だって、この胸に信じて生きてきた～♪」と『男の勲章』をリーゼント姿で歌う嶋大輔の姿と、たくさんの「？」マークが浮かんでいたが、目の前には大きく目を見開いて驚く上野千鶴子先生がいた。

「ディーセントワーク！　あなた、そんなことも知らないの？　あそこにいる渋谷典子さんに聞いてごらんなさい」と上野先生は、その後、私がとてもお世話になり、とても仲良くなった典子さんを紹介してくれた。

こんなやり取りも、本書『寿ぐひと』を執筆する旅のはじまりの一つだった。

コラム

ディーセント・ワーク

ILO（国際労働機関）が提唱するディーセント・ワーク（Decent Work）とは、「人間らしいやりがいのある仕事」の概念である。その実現に、企業、労働組合、政府、市民、社会の各エージェントがいかに取り組むべきかを考えることが、現代の労働問題の核にある。渋谷典子さんは、2005年5月24日に愛知県から認証を受けたNPO法人「参画プラネット」の代表理事である。参画プラネットは、「女性が社会とつながる機会を増やし、そのプロセスで力をつけて、次のステップに踏み出すこと（Education Empowerment）」を目標としている。

男女共同参画政策を推進する当事者としての女性、従来の働き方では負荷が高い状況にある人々が、短時間労働、ワークシェアリングの手法を取り入れた「新しい働き方」で、「人間らしいやりがいのある仕事」をつくり、生み出す働き方を参画プラネットは社会に提示している（渋谷典子著『NPOと労働法』晃洋書房、2019年）。

コラム

ウィメンズ・アクション・ネットワーク
(https://wan.or.jp/)

1982年、日本初の女性本の専門店「松香堂書店」が京都でオープンした。松香堂書店はフェミニストブックの情報や女性グループのミニコミ誌の紹介のほか、『からだ・私たち自身』の日本語版や『資料日本ウーマンリブ史』なども刊行した。その後、大阪府男女共同参画センター（ドーンセンター）に移転し、「ブックストアゆう」に受け継がれたが、大阪府の方針により撤退を余儀なくされた。

「女の本屋をなくしたくない」との思いを抱いた女性達がサイト運営主体となり、2009年5月19日に特定非営利活動法人「ウィメンズ・アクション・ネットワーク（WAN）」が正式に認証された。Webでは様々な情報が氾濫していたが、女性の情報発信が少ない状況だった。女の本の情報・活動などを発信することがWANの活動目的になった。2013年2月に「認定」特定非営利活動法人格を取得、理事長は上野千鶴子先生である。WANは京都事務所、東京事務所、名古屋オフィスがある。松香堂書店の店主、中西豊子さんと嶋守の対談は、https://www.youtube.com/watch?v=A-8o5lriYp0で公開している。

二〇一七年六月一〇日、私は「名古屋マリオットアソシアホテル」のビュッフェレストランにいた。上野先生が理事長を務める「NPO法人ウィメンズアクションネットワーク（Women's Action Network：WAN）」の名古屋女子会であった。その年の一月二四日付の〈毎日新聞〉夕刊の「毎日読書」において、上野先生は私が二〇一五年に著した『孤独死の看取り』の書評を書いてくれていた。そのご縁で私はWANのメンバーとなり、初めて参加した女子会で上野先生の隣に座った。

耳元で上野先生が「何かオモロイことしよう」と囁いた。頷くと、「WANな女《ひと》」というホームページの連載担当になった。あれよ、あれよと話は進み、私は敦賀市議会議員の今大地晴美さんを取材するために車を走らせていた。

上野千鶴子先生と私

敦賀に行った日は二〇一七年七月二一日、梅雨が明けたあとの猛暑日であった。待ち合わせ場所となった敦賀駅でお互いに交わした「暑いですね」が、晴美さんとの最初の挨拶であった。

「お腹すいたでしょう？　市庁舎に車を置いてから、まずはランチをしに行きましょう」

今大地晴美さんは、敦賀市のホームページには「議席番号1、期数6期、党派無所属、所属会派無所属」と書かれている[1]。お目にかかった当時は三人だった女性市議の一人であった。ちなみに、晴美さん以外の二人は共産党と公明党の人であった。

「いつも行く韓国料理屋さんで食べましょう。嫌いじゃない？」と行き先を私に尋ね、晴美さんは車に颯爽と乗り込んだ。車の後部ガラスには、「アベ政治を許さない」と筆文字で書かれた白い紙が貼られていた。その車の後ろを、私は自分の車で追いかけた。敦賀の町はどこまで行っても高低差がほとんどない。夏の太陽はギラギラと、真っ平らで坂のない町一面を容赦なく照りつけていた。

市庁舎の駐車場に車を停めると、ノージャケットにピンと張りのあるTシャツ素材のワンピース、そして革のスニーカー姿という晴美さんが軽々と車から降りてきた。

「議員なんだから革靴くらい履きなさいって言われて、誰かからパンプスが送られてきたことあるけど。でも、パンプスは私らしくないから。革だったらいいんかって、革のスニーカーを履いてるの」

(1)　二〇一九年五月二七日時点。敦賀市ホームページ「今大地晴美（こんだいじはるみ）議員」https://www.city.tsuruga.lg.jp/about_city/news_from_division/gikaijimu_kyoku/giin_ichiran/kondaijiharumi.html、情報取得日二〇二〇年三月二五日。

こう言って晴美さんは、悪戯っぽく笑いながらお店に入り、席に着くとすぐに、「テールスープ定食。元気をつけたいときは、いつもこれを食べるの」と嬉しそうに、そしてとても楽しそうに注文をした。

大好物なので、「私もテールスープ定食をお願いします」と注文しながら鞄からノートを取り出した。その表紙を見て、晴美さんが「キャンディキャンディ？」と尋ねた。

「そうなんです。勉強の気合い入れるのに、私はいつも自分が可愛いと思う私らしいノートを必ず使うって決めていて。今日は晴美さんにお話をうかがうので、岡山の『いがらしゆみこ美術館』で買った、一番大事にしていたこのノートを特別に下ろしてきたんです。頑張りますので、どうぞよろしくお願いします」

私の表情と、私が選ぶ言葉の一つ一つの意味をていねいにくみ取ろうと、真っすぐに私を見つめる晴美さんの目を見ると、「私の正直」を、真っすぐにきちんと伝えておきたいと思った。

「取材に来るには来たんですけど、私は本当に何も知らなくて。市議会議員という人が何をする人なのか。あるいは、どのようにして、どんな思いがあってその仕事に就こうなどと思うものかなど、まったく見当もつかなくて……。敦賀の原発って聞いても、テレビでずっと流れていた福島の原発事故の映像しかイメージが湧かないし、そもそも敦賀って漢字でちゃんと書けるかどうかも危ういというのが正直なところなんです。本気で自分をかけて、どうしても暮らしを、町を守りたいと思う気持ちを経験せずにこれまで生きてきました。ですから、今大地先生が無所属、無党派で活動をされているっていうことがきちんと理解できるのだろうかと、とても不安でいます。そもそも住民運動、活動って何ですか？」

原稿を書いている現在なら、このときに晴美さんに伝えたかったこと、つまり「住民運動」についてもきちんと説明することができるし、それなりの理解も会得できている（と思う）。しかし、晴美さんと私の前にテールスープがあったときには、自分が伝えたかったことがここまで言葉になっていたのかどうか自信がない。

緊張ゆえに、大好きなはずのテールスープの味もよく分からなかった。このときの私は、原発とそれをめぐる人たちの生活に対する自分の無知、無関心さにひどく怯えていたのだ。もっとも、だから私は敦賀に行き、晴美さんに会おうと決意したわけである。

2 透明なおでん

「住民運動、ね。活動、って、クラブ活動じゃないんだし。まず、今大地先生はやめましょう。晴美さんでいいですよ」

どうも私は、不安になると頭の中に一九八〇年代の歌謡曲が流れてきてしまうようだ。「特別じゃない、どこにもいるわ、私」と、このときも中森明菜の『少女A』の歌詞が流れてきた。このときの晴美さんの瞳をたとえてみると、（だから大丈夫、心配しないで）というような感じがした。

　そんな心の内を知ってか知らずか、晴美さんが「では、何からお話ししましょうか」と私に尋ねてきた。

「ありがとうございます。今日と明日取材させていただく映像を授業の教材に使えるように、映像資料としてまとめたいと考えています。そして、WANでその動画を全世界に配信します。そのためにも、まず晴美さんがどんな人なのか、なぜ市議会議員になったのか、無所属無党派で活動されている理由を私にも分かるように説明をしていただけませんか」

　このように伝えたのは、韓国料理店を出る前である。この質問の答えは、敦賀市庁舎内にある晴美さんの議員室で聞くことにした。エレベーターで上り、扉が開くとそこは議会事務局の前だった。カーペット敷きの廊下をしばらく歩くと晴美さんの議員控え室があった。見上げた扉の上

今大地晴美さん

に、「無所属」の表札があった。

「いつも市民派、ずっと無党派の今大地晴美です！」

動画撮影の冒頭、晴美さんがいつも行っているという自己紹介をした。

「敦賀市の市議会議員をしています。とても楽しい仕事です。やりがいがあります。それと、私自身に向いているな、天職だなと思います」と、晴美さんは笑顔で話してくれた。

撮影のカメラを一旦止めて生い立ちをうかがおうとしたとき、晴美さんの携帯が鳴った。「四国電力伊方原発３号機差し止めの裁判結果を知らせる電話がかかってくるから、そのときは電話に出させてね」と、晴美さんは前もって私に断りを入れていた。その電話であった。

「お疲れさまです」と言って元気よく電話をとった晴美さんの声は、話が進むにつれてとても残念そうな響きに変わった。

「人格権の侵害。原発ができたことでどれだけ侵害されることか……」と、電話の相手を温かく励まし続けていた。「新基準に合っているからって？　でも、よい裁判官もいるから。いちいち落ち込んでも仕方ないしね。新しい流れをつくっていけばいいのかと思います」

話が終わると、晴美さんはていねいに電話を切った。このときの電話の内容は、次の日となる二〇一七年七月二一日付の〈朝日新聞〉に掲載されていた。記事には次のように書かれていた。

> 昨年（二〇一六年）八月に再稼働した四国電力伊方原発3号機（愛媛県伊方町）について松山地裁（久保井恵子裁判長）は二一日、県内の住民一一名が運転差し止めを求めた仮処分の申し立てを却下した。原発の新規制基準や四電の安全対策に「不合理な点はない」とした。住民側は決定を不服とし、即時抗告する方針。（中略）
>
> 伊方原発をめぐっては、昨年以降、広島、大分の二地裁、山口地裁岩国支部にも仮処分が申し立てられたが、うち広島地裁が今年三月に却下しており、続けて退けられた。
>
> 他の原発に対する仮処分申し立てでは、福井地裁が二〇一五年四月、大津地裁が昨年三月、いずれも関西電力高浜原発3、4号機（福井県）の運転差し止めを決定したが、その後の異議審や抗告審で取り消されている[2]。

私自身の無知、無関心さに怯えていても何も変わらないので、名古屋に戻ってきて、現在の原発の稼働状況を調べた。「知らないからこそ、どうしても調べたい」と思ったのだ。

調べてみると、二〇一六年一月二九日に高浜原発3号機、二月二六日に高浜原発4号機が再稼働の決定が下されたが、二月二九日にトラブルが発生して緊急停止となった。その後、二〇一七年五月一七日に高浜原発4号機、六月六日に高浜原発3号機が再稼働し、現在に至っている。考えてみれば、二〇一一年三月一一日の東京電力福島第一原発事故のあと、インタビューのために何度か出掛けた東京都心の駅は節電だといって、しばらくの間ずいぶん暗かった。あのとき日本では、約二年にわたって原発稼働はゼロだった(3)。

晴美さんへの取材を再開した。まずは、どのような幼少期を過ごして、議員となろうと決意するまでに至ったのかについて尋ねた。

今大地晴美さんは一九五〇年生まれ。ご両親は敦賀の中心地となる商店街にあった金物屋を営んでいた。五歳、六歳のときから遊び場は映画館だったという。映画『ニュー・シネマ・パラダイス』（一九八八年）のように、仲良しの店主と映像機器の近くで、東映、大映、松竹のチャンバラ映画を見て過ごしていたそうだ。小さなころに晴美さんは、映画館の隣にあった本屋でマンガを読んでいたという。ちょうど、雑誌〈マーガレット〉（集英社）が創刊されたころのことだ。

映画館では、「朝日新聞ニュース」が流れていた。六〇年代安保のデモの様子を見て、お友達と「安保反対！」と肩を組んで歩くという「安保反対ごっこ」をして遊んだともいう。メーデーの日、女性がストライキをするという自由闊達な町、それが当時の敦賀だった。晴美さんは学校

（2）「原発新基準の合理性認定　松山地裁伊方3号機差し止め却下」〈朝日新聞〉二〇一七年七月二一日付。

（3）「原発ってどこにある？　今、動いてる？　再稼働はいつ？　二〇二〇年三月二四日／原発ってなに？」こどもたちの未来へ《311被災者支援と国際協力》。https://blog.goo.ne.jp/tanutanu9887、情報取得日：二〇二〇年三月二五日。

で先生に、「何でメーデーの日はお休みじゃないの？　働く人の日なんでしょ。子どもの仕事は勉強なのに……」と言ったこともある。当時について、晴美さんが次のように話してくれた。

「メーデーがお祭りの日だと思っていた。小学校に上がるか上がらないかくらいのころに、お針子さんがストライキを起こしたことがある。国鉄、東洋紡の工場があったけど、原発はまだなかった。原発ができて、自由闊達さがなくなった。イヤだと言えない社会はおかしい。でも、見ざる・聞かざる・言わざるというのが原発なのかなぁ。二〇一一年までは、考えないようにしていた。福島までは、表立って言えなかったのかもしれない」

一八八一（明治一四）年に現在の福井県が成立し、敦賀市は一九三七（昭和一二）年に市制が施行されている。福井県の産業史を見ると、「明治中期以降、福井平野の中小地主は生き残りをかけ、土地を担保として機業の近代化にふみきった。そのため福井県の絹織物はおおいに発展し、全国をリードするに至った(4)」とある。また、「昭和二十六年ころから日本でもナイロンなどの合成繊維が試験期から量産の時代にはいった。このころ、東洋レーヨン金津工場は絹人絹織機による合織アミラン（ナイロン）の試験に成功、丹生軍清水町の勝倉織布工場はアミラン製織で一躍有名になった(5)」とも書かれている。つまり、原子力発電所ができる前の敦賀市や福井県は「織物の町」であったということだ。

そういえば、『日本史B用語問題集』にも「一九五四年、アメリカの太平洋上での水爆実験で被爆した日本の漁船は何というか」と書かれている、マグロ漁船の「第五福竜丸」についても「映画のニュースで見た」と晴美さんは言っていた。まだ四歳という幼いときのことを、しっかりと覚えていることに私は驚いた。[(6)]

「一〇歳のとき、在日の女の子のお友達がいて、まだ名前もしっかり覚えているけれど。その子が北朝鮮に帰るときに駅まで見送りに行って。そのときに、『私は泣かない。幸せになるために帰るんだから』と言った。そのあとに新潟からハガキが来て、それ以降は音信不通。敦賀は在日が多い。実家にもたくさん来ていて、父と親しく話をしていた。小さいころ、冬になると白菜のキムチ、お正月には参鶏湯《サムゲタン》をつくってくれて、こんなに美味しいものがあるんだぁ、って。七輪《しちりん》の上でホルモンを焼いて食べたりね。だから馴染み深くて。差別なんて考えたこともなかった」

小学校、中学校の入学式や卒業式でも『君が代』を歌わない東京・町田市で育った私には、「在日朝鮮」と言われてもまったく体感がない。ご縁をいただき、お話をうかがって、大事に関係を培ってきた方々からある程度の知識を得ることが最近になってできてきたが、晴美さんが話しているような日常感はない。この話のあと、思春期を迎えたころについて話してくれた。

（4）隼田嘉彦他（二〇〇〇）『福井県の歴史』山川出版社、七ページ。
（5）印牧邦雄（一九八六）『福井県の歴史』第二版、山川出版社、二四九ページ。
（6）日本史一問一答編集委員会（二〇〇五）『一問一答　日本史B用語問題集』山川出版社、二五八ページ。

「あんまり表には立たないタイプで。グループで活動することが、あまり得意ではなかったのかもしれない。『男の子に負けるな』と父に言われて育って。『晴美は面どい[7]から結婚できないかもしれない。勉強して賢くなったら結婚できるかもしれない。勉強すれば、分かると面白くなるから。とにかく頑張れ』と言われて育った」

「女は美しくあるべきで、結婚できることが幸せ」なのか。昭和生まれだが、「女だから」と言われて育てられてこなかった私は、（これが日本のフェミニズムの源流なのだな）と考え込んでいた。話を聞いていると、晴美さんが言葉を続けた。

「男の子になりたかった。演劇とかが好きだったから、目立たないように、ひたすら寺山修司（一九三五～一九八三・劇作家）とかの本を読んでた。中学・高校の制服では、冬になるとズボンを履いていたし、スカート履きたくないって思ってた。好きな男の子もいたんだけどね」

「男の子になりたかった」という思春期の晴美さんを思い、私は切なさを感じた。しかし、この当時の一〇代の女性が寺山修司を読んで過ごしていたとは……晴美さんへの憧れを改めて私は抱いた。私は思わず、「晴美さん、カッコイイですね」と口にしてしまった。

　話題を変えて、「では、なぜ議員になることになったんですか?」と、一足飛びに尋ねてしまった。晴美さんからは、新聞で見つけた「愛知・岐阜・三重女性を議会にネットワーク」という団体とのご縁で敦賀市議会議員になったと事前に聞いていた。

「市役所へ予算のことを聞きに行ったときに、『市民のくせに何でそんなこと知りたがる?』と言われて、反論ができなかった自分がいて。そこで火がついて、怒りのスイッチが入っちゃったのよね。それで市民のときに、情報公開条例策定委員に応募したら通ってしまった。そして、その途中で議員になった。でも私は、女性ネットワークに嫌われる女性議員でね。『女性の代表』っていう人とそりが合わなくて……。私が『市民の代表です』って言うと、『あんたなんて、市民の代表じゃなわよ』とか言い返されたりしてね」

同じ女だからといっても、主義が異なれば仲間にはならない。自分の主張を通す姿勢が、きっと無党派、無所属として晴美さんが活動する理由なのだと私は理解した。

「暮らしを営む女性を含めたマイノリティ、当事者の立場を尊重していきたい」と落ち着いた情熱で語る晴美さんのお話を聞いていたら、夕方の五時になった。お互いに着替えてから、晴美さんの旦那さんである健さんが営むおでん屋に連れていってくれるという話になった。私が、「晴美さんの選挙事務所が見たい」とお願いしていたからだ。「選挙のときにはね、おでん屋さんは閉めてポスター貼って、事務所にしているのよ」と晴美さんが言った。

ホテルで着替えて晴美さんを待っていると、車で迎えに来てくれた。敦賀の中心街にある飲み

（7）美貌では勝負できないという意味の福井弁で、「不細工」ということ。

屋街で、「そこで待ってて」と言われたので周りを見わたした。風情としては、昭和を彷彿させる町並みである。おでん屋で晴美さんとお酒を飲みながら話を聞くことができるなんて、素晴らしいことだ。おでん屋では、敦賀でしか飲めない地酒を飲もうと決め、細川たかしの『北酒場』をゴキゲンに口ずさみながら私は晴美さんを待った。しばらくして、駐車を終えた晴美さんがやって来て、一緒におでん屋へと入った。

「全盛期は店の前の道なんて、人がすれ違うのさえ大変なくらいの人通りだったんだから。また3、4号機が建設されればあの活気が戻るって、この辺の店連中は本気で信じとるでね」

と話してくれたのは、健さんである。二〇一九（令和元）年三月末における敦賀市の人口は六万五五九九人、世帯数二万八八一八、六五歳以上人口一万八四九九人で、総市民人口数に占める割合は二八・二パーセントとなっている。〈福井新聞〉によれば、「敦賀市の人口減少が止まらない。二〇〇五年一〇月末の六万九三一五人をピークに減少に転じ、一一年の東京電力福島第一原発事故後は減り幅が拡大。（中略）『福島事故後の原発の長期停止や敦賀3、4号機の建設が見通せなくなった影響で、転出者が大幅に増えた』と市ふるさと創生課。市内の原発関連で働く従業員数は一七年度末時点で、福島事故前に比べて四割強減った」(8)となっている。

この報道を証明するように、今、健さんの店の前にある道を通り過ぎる人はまばらだ。

敦賀市の人口ピーク時だった二〇〇五年における原発と市民生活について、次のように書かれた論文がある。

> 一五歳以上の就業者数は三四一五九人で、第一次産業への従事者が二・五％、第二次二八・七％、第三次六八・四％となっている。電気・ガス・熱供給・水道業への従業総数は一〇一七人であるが、日本原電（株）の従業員は四三九人、核燃料サイクル開発機構においては七〇人いる。下請け企業等を含むと、原子力関連の従事者は約一万人いると言われており、就業者数の約三分の一を占めている。原発の雇用創出効果はきわめて大きい(9)。

健さんの店にも各社の新聞記者が集い、原発に関する情報がお酒とともに酌み交わされていた。そのような話を聞いていれば市の情況が理解できたともいう。町の賑わい、人の群れ、店内の喧騒を想像しながら「おでんが食べたいです」と私が言うと、「何がいい？　取るよ」と健さんが言ってくれた。

（8）「敦賀市の人口減、原発停止で拍車」福井新聞 ONLINE　二〇一九年四月一二日。https://www.fukuishimbun.co.jp/articles/-/834415、情報取得日二〇二〇年三月二五日。

（9）三好ゆう（二〇〇九）「原子力発電所と自治体財政——福井県敦賀市の事例」『立命館経済学』第五八巻第四号、六〇ページ。数字は漢数字に改変。

「まずは何があるのか、見たいです」

「じゃ、こっち来て」

カウンター席の角を曲がってすぐ、カウンター越しにあるおでん鍋を覗いた途端、私は息を呑んでしまった。大きな丸い麩に蕗《ふき》、筍《たけのこ》、切り口が斜めに美しく整った大根、豆腐、練り物、肉団子などが並んだステンレスの鍋が、透き通った色の出汁で満たされていた。実家の関東炊きのおでん、あるいはナゴヤの赤味噌おでんしか見たことがなかった私は、思わず「すごい透明！　キレイ！　こんなの見たことない」と声を上げてしまった。いそいそと健さんがおでん皿の準備をはじめた。その様子を見ながら、晴美さんが静かに言った。

「調味料もすべて自然の無添加。ずっと、この透明なお出汁が、この店のおでんの味なの」

早速、ふっくりと煮含められた豆腐と蕗をいただくことにした。丸い皿に二つ並んだ具の上で、鰹の削り節が熱い湯気にあおられるようにヒラヒラと舞っている。豆腐をひと口含み、「美味しい」と言った途端、私の目から涙があふれ出した。

健さんがつくったおでん

私に聞かせようと、健さんと晴美さんは、これまで歴任してきた敦賀市長の原発への考え方がどのように変わってきたのかについて話をしてくれていた。しかし、豆腐を頬ばって、どうにも涙が止まらない私に気づき、健さんがそっとこちらを見て話を止めた。

「おでんが本当にとっても美味しくて。こんなにキレイで、透き通っているなんて……」

涙を拭きながらこう答えたのだが、いったい私は何に対して、こんなにも過剰に反応してしまったのだろうか。

3　貝の火

こんなたとえ話がある。昔、ビートたけしさんが挙げた「事実は複数ある」ことに対する優れたたとえ話である。

ある山の南側に弱ったハトを助けた家があり、同じ山の北側に弱ったハヤブサを助けた家があった。ハトとハヤブサは同じ日に回復し、山に戻された。山の頂上で、放たれたばかりのハヤブサが、放たれたばかりのハトを狩って食べた。この様子を山の南側から見ていた家にとっては、「助けたハトが目の前で無残に殺された悲劇」となるが、山の北側から見ていた家にとっては「助けたハヤブサが無事に野生に戻っていったハッピーエンド」になるというお話。同じ出来事でも、デマや捏造ではなく「複数の事実」があるということである[10]。

ハトではないが、晴美さんのインタビュー取材の数日前のこと、私の家に小鳥の雛が迷い込んできた。前夜に襲った台風の雨風に吹き飛ばされ、一命を取り留めてはみたものの、家の前にあるツツジの植え込みのなかに夕方まで引っかかっていたようだ。目の前の通りは、帰り急ぐ車であふれていた。グッタリとしているが、私の指にしがみついている雛をそこへ置き去りにすることはできず、とりあえず部屋に連れ帰った。

ゆで卵の黄身にハチミツとさなぎ粉を混ぜてつくった応急の栄養食を、その雛はガツガツと食べた。疲れきっていたんだろう。満腹になったのか、雛はすぐに私の手のなかで眠った。カラスに見つからなくてよかったね。見つかれば一瞬で死んでたよ。それが自然の摂理ってやつだから――でも、なかなかそうは簡単に割り切れない。しばらく、雛鳥の様子を見ることにした。

その間、「雛」とは呼びにくいので「ラッキー」と呼ぶことにしたが、じきに「チッチ」と呼べば「スキ！」と返事をして寄ってくるようになった。

晴美さんへのインタビューの日になった。私はチッチを籠に入れて風呂敷に包んで、この旅に連れていくことにした。宿に戻ってひと晩を過ごし、朝になるとチッチは大きな真っ黒い瞳で餌をねだりはじめた。粉末状になっている雛用の餌を豆腐と混ぜ合わせ、耳かきで嘴に運んでぼんやり考えていた。

昨晩、健さんがつくるおでんを食べて、何であんなに泣いたんだろう？　健さんの店に行く前、宿泊先の部屋でチッチを休ませていた。私の外出中もキレイな水が飲めるようにと、水差しに入っていた水を庭の植え込みに捨て、新しい水に入れ替えようと水道をひねって満たした。だが、すぐに私はその水を捨て、ペットボトルの水を水差しに入れ直した。考えてしまったのだ。（原発の町の、水道の水を赤ちゃんのチッチに飲ませても本当に大丈夫なのかしら？）と。

「元来食物の味というものはこれは他の感覚と同じく対象よりはその感官自身の精粗《せいそ》によるものでありまして、精粗というよりは善悪によるものでありまして、よい感官はよいものを感じ悪い感官はいいものも悪く感ずるのであります。同じ水を呑《の》んでも徳のある人とない人とでは大へんにちがって感じます(11)」

宮沢賢治（一八九六〜一九三三）の童話「ビジテリアン大祭」にこんな一節があったことを思い出していた。食に対する人の、いや私自身の感官自身の善悪、徳の有無などについて自覚すると、何とも言えないショックを受けた。大の食いしん坊の私だ。原発事故の放射能汚染は知っているつもりでも、食に関してだけは風評被害の影響などが私に「あるはずがない」と思っていた。

（10）＠chika_tilo、二〇一七三月二八日付の Twitter 記事。情報取得日二〇二〇年三月二五日。
（11）宮沢賢治「ビジテリアン大祭」、宮沢賢治（一九八九）『新編　銀河鉄道の夜』新潮文庫、二三六ページ。

風評被害とは、「差別を表す言葉」である。

　こんな思いで資料を読んでいると、次のような記述を見つけた。

「これだけ精緻な放射性物質検査をし、他県より厳しい基準値をクリアした安全なものを出荷し、県や市のＨＰで品目ごとの数値を公開しているのに、福島の食品に対する謂れ無い忌避は差別であり偏見だと。これは心や感情の問題だ(12)」

　昨晩の私が思い返されてきた。チッチが赤ちゃんだからと、飲ませるためのキレイな水として私は水道の水よりもペットボトルの水を選んだ。私にとっては瞬間的であった。自分の食の感官、善悪などは露ほども考えていなかった。無意識に、無自覚に、キレイな水道水を一瞬で見切って捨てたのだ。真夏、ホテルの部屋に一日置きっぱなしにしていたペットボトルだ。必ずしも、安全な水とは言えなかっただろうに。

　私だけのことならば、飲料用だと言われれば、どこの水でも、何の水でも躊躇なく飲む。だが、自分が大事にしている、自分よりもはるかに弱い存在のためとなれば、こんなにも容赦なく切り捨てることができる自分を初めて知った。それは、命を守るための選択なんだろうか。ただの、私の身勝手なエゴのようにしか感じられなかった。自分の不甲斐なさに気づかされて、私は泣いたのだ。

　健さんと晴美さんが話していた敦賀原発3、4号機の話にも驚いていた。(13)「3、4号機が建設されれば、あの活気が戻るってこの辺の店連中は本気で信じとるでね」と健さんは言っていた。「原発反対」と思っていた私は、原発の工事再開を望む人がいることを知らなかった。現状に対する、自分自身の無知に対する恥ずかしさ。そして、原発で暮らしが豊かになる立場にあるとするならば、「脱原発」を願う私でも建設再開に夢を託すだろうという気づき。だからこそ、昨夜の私の涙は止まらなかったのだろう。

こんなことをグルグルと考えていたら、晴美さんが迎えに来てくれる時間の一〇分前になっていた。昨日、晴美さんが受けていた電話の明るい受け答えの言葉を思い出し、私も声に出して晴美さんの真似をしてみた。

「いちいち落ち込んでも仕方ないしね。新しい流れをつくっていけばいいのではないかと思います」

そう！　今まで知ろうとしていなかったことである。「知らない」ということに、いちいち落

（12）小松理虔（二〇一七）「風評被害をめぐる『福島の食』の分断」、津田大介・小嶋裕一編『［決定版］原発の教科書』新曜社、八二ページ。

（13）「敦賀3、4号機工事中断6年　日本原電公開、維持管理細々と」〈福井新聞〉二〇一七年四月二一日付」こどもたちの未来へ《311被災者支援と国際協力》、https://blog.goo.ne.jp/tanutanu9887/e/a43bbf5884c7e6832943f79a7f56b72、情報取得日：二〇二〇年三月二五日。

ち込むのはやめよう。私は決意した。「見ようと思うものだけを見て、無責任な思考停止」(14)さえしなければいい。

「賛成ではなく反対だ！」と考えていることにも、自分以外の人たちが主張する、多くの意見と暮らしがある。それは善でも悪でもなく、「同じ出来事でも、デマでも捏造でもなんでもなく『複数の事実』があるという話」だろう。

何事においても、賛成意見と反対意見がある。自分の立場だけを擁護しようとすれば、対立意見は堂々めぐりをする。それが新たな対立を生む。相反する両者の意見を聞いて、そこから自分が何を考えるべきなのかについて向き合えば、誰の意見も「絶対に正しい」ということはありえないと理解することができる。

誰かが唱える正義や明るい未来、絶対の安全に惑わされず、それらを盲信しないことだ。まずは、自分が知ろうと努力をして得た知識を蓄えて、何度もとらえ直すことだ。どこにも「絶対がないことを確認してやっと、最善に向けての努力を始めるしかない(15)」。

とてもお世話になり、チッチをとても可愛がってくれる宿泊先の方に預け、原発を晴美さんと見に行くことにしよう。外はとってもいい天気！　晴美さんに早く会いたい！

ホテルの外に出て、「おはようございます。今日も朝からすみません。よろしくお願いします」と言う私に、「おはようございます。こちらこそよろしくお願いします！」と、とても気持ちの

図　敦賀半島にある原発の位置

出典：日本原子力発電株式会社ホームページ。一部改変。

よい晴美さんの挨拶が返ってきた。晴美さんの車に乗り込む。ＢＧＭはSuperflyだった。「イマドキですねぇ！」と言うと、「ドクターＸの主題歌ね」と晴美さんが元気に笑った。

敦賀発電所に向かう前、晴美さんが常宮神社《じょうぐうじんじゃ》に車を停めた。車を降りると、目の前には波がキラキラと輝く、目映いばかりの青い海が一面に広がっていた。バス停があった。時刻表を見ると、敦賀駅方面にも立石方面にもそれぞれ一日三本ずつだけであった。

「この神社にはね、朝鮮の役（一五九二年～一五九八年）で大谷吉継が持ち帰った鐘を豊臣秀吉が命じて奉納させた国宝の朝鮮鐘があるの」

この言葉の意味を私が理解したのは数時間後、白木《しらき》地区にある「高速増殖原型炉もんじゅ」に着いてからだった。それに触れる前に、原発について私が理解できたことをまとめておこう。

常宮神社の参道

福井県の原子力発電所計画は一九六〇年代にさかのぼる。「茨城県東海村に一号炉を完成した日本原子力発電会社は二号炉を西日本地域に計画」し、一九六二（昭和三七）年五月、「敦賀半島の先端、敦賀市浦底・立石・色浜の三地区に、県・市を介して」二号炉を建設する話をもち込んだ。「若狭湾一帯は花崗岩のかたい岩盤が広くひろがり、復水器冷却水が海から取り入れやすく、需要地の関西に近いこと、また満足な道路もなく孤島化しているこの地域を開発するという構想が結びついて」、市や地元は「同地区の地域開発に大きな効果があるとして原電側の買収に応じた」という。

国の許可が正式に下りた一九六六（昭和四一）年四月、軽水減速冷却・沸騰水軽炉の原子力発電の建設がはじまった。同年一二月に関西電力会社が三方郡美浜町丹生、一九六八年に大飯郡高浜町、大飯町で原発建設計画がされた。一九七〇年三月、「日本原子力発電会社敦賀発電所は日本で二番目三二・二万キロワットの商業発電を開始、おりから大阪で開催中の万国博会場にも〝原子の灯〟が送られた」[16]。

それは、一九七一（昭和四六）年、私がこの世に生まれる一年前のことだった。

---

(14) 矢作直樹（二〇一六）『健やかに安らかに』山と渓谷社、四ページ。
(15) 田口ランディ（二〇一一）『ヒロシマ、ナガサキ、フクシマ　原子力を受け入れた日本』筑摩書房、一四三ページ。
(16) 印牧邦雄（一九八六）前掲書、二五六ページ。

コラム

電源三法

1974年6月3日に「電源三法」が成立し、10月1日に施行された。「電源三法とは、電源開発促進税法、電源開発促進対策特別会計法、発電用施設周辺地域整備法という三つの法律である。電源開発促進税という税金を電気料金に含めて徴収し、特別会計にして発電所周辺地域への交付金などに支出する。（中略）1973年12月22日の臨時閣議で田中角栄首相が関係閣僚に指示、翌74年3月4日に法案が国会に提出された」（西尾漠（2017）14ページ）。

電気事業連合会は、電源三法を「電力会社から販売電力量に応じ税を徴収し、これを歳入とする特別会計を設け、この特別会計からの交付金等で発電所立地地域の基盤整備や産業振興を図る」とする。2001年4月からは原子力発電立地促進のため、「原子力発電施設等立地地域の振興に関する特別措置法」が10年間の時限立法で施行され、2010年にはその有効期間を2021年3月まで延長する改正がされた。「電源三法交付金は、発電所立地地域の産業基盤や社会基盤を整備する上で大きな役割を果たし」、「道路や公園、上下水道、学校、病院など文化や福祉の向上を図る公共施設、商工業や農林水産業、観光などの地場産業の施設整備や人材育成など地域社会の発展を推進する礎」を築く。「発電所の運転開始後は、固定資産税をはじめとする事業税などの税収が、長期間にわたって」入ることになる。(https://www.fepc.or.jp/nuclear/chiiki/nuclear/seido/index.html、情報取得日2020年5月27日)

しかし、「新規原発の立地促進という以上に、既発原発の増設に力を発揮する。原発を誘致したことが地域の活性化につながり、原発がなくなっても地元の産業で十分にやっていけるようになっていれば、原発の増設を誘致する必要はない。（中略）原発をつくると、多額の交付金がもらえるということ自体、原発立地で地域の振興ができない証拠だ、と言って過言ではない」と西尾は指摘している（西尾漠［2017］前掲書、15ページ）。

2011年の福島原発の事故によって安全神話が崩れた今、原子力発電に伴う環境リスクは、原発マネーとともにより消費地の大都市から離れた地域へと移っていく。そのことに、目をこらし続けることが必要である。

世界中で原発の事故があった。一九七三年にはイギリスのセラフィールド再処理工場で漏洩事故、そして一九七四年に「電源三法」が公布されたあとに臨界した原子力船「むつ」の放射線漏れ事故が発生している。

さらに、一九七九年にアメリカのスリーマイル島原発２号機で炉心溶解事故、一九八一年にフランスのラ・アーグ再処理工場で火災事故、一九八六年にはチェルノブイリ原発４号機で炉心溶融事故が起き、そして二〇一一年三月一一日、東京電力福島第一原発事故が発生した。(17)

これまで生きてきたなかで、やはり一番印象に残っている事故はチェルノブイリと福島だ。センセーショナルにメディアで取り上げられ、テレビでもその様子を映し出す映像がずっと流れていたことはみなさんもご存じだろう。

原発事故はとても怖いものだから、原発には何がなんでも「反対」だと思っていた。日本は脱原発すべきだと考えていた。(18)そんな私の目の前、「敦賀原子力館」の窓越しに敦賀原発があ

(17)　津田大介・小嶋裕一編（二〇一七）『［決定版］原発の教科書』新曜社、八ページなどを読んでいただきたい。

原子力館の入り口に立つ晴美さん

った。私は初めて、原子力発電の模型をここで見た。「あそこが炉心。福島原発事故でメルトダウンした」と言って、晴美さんが指さした。

このあと晴美さんは、「美浜原子力PRセンター」や「高速増殖炉もんじゅ」が見える埠頭まで案内してくれるという。敦賀の大通りは対向二車線の一本道だ。来た道を戻り、縄間地区で右折をし、「馬背峠トンネル」をくぐって美浜原発へと移動した。

「大地震が起きたとき、逃げ道がないの。どこへ逃げるのかを考える前に道がない。一度、風で風船を飛ばして、岐阜まで飛ばす実験をしたことがあるの。(19)風船は一時間で岐阜に着いた。放射能は風で飛ばされる。私たちは渋滞でまったく前に進めなくても」

「敦賀原発で事故が起きたら放射能が名古屋に飛んでくるって、小学校の社会で習ったよ」

敦賀に来る前日、高校二年生だった姪がさらりと言ったことを思い出した。飛んでくるのは仕方がないとしても、それをどうしたらいいのだろうか。逃げられるのか？　かつて読んだ絵本『風が吹いたら』（池部良、文藝春秋、一九八七年）に出てきた悲しい絵が目に浮かんだ。絵本のなかの老夫婦は、放射能に蝕まれ、来はしない助けを待ち、緩やかに、静かに死へと眠っていった。

「福井には、廃炉が決定しているものも含めて一五基の原発がある。建設予定の敦賀3、4号機もある。だから、『原発銀座』って呼ばれている。避難計画は一応あるけど、絵に描いたモチ」

と話す晴美さんの説明を聞いていると、若狭湾が広がる美浜町に着いた。すぐに、車窓越しに美浜原発が見えはじめた。水晶浜が目の前に輝いていた。

「すごいでしょ？　海水浴場の目の前に原発が建っていて。一度、関西地方からいらっしゃった原発反対の方たちの視察案内をしたことがあってね、『敦賀の人間はこんなに原発が目の前にあるところで泳いで、まったく何も感じないのか！』って、怒鳴られたことがあったの。だから、こっちも頭にきて、『今の時期に泳いでいるほとんどは、関西の方ですよ。敦賀の人たちは泳ぎに出ないで働いてます』って言い返してやった」

晴美さんの言葉に、「名古屋に住んでいる私たちの世代も、私が教えている学生さんたちも、夏の海と言えば若狭湾ですから……。そうですよね、私たちが遊べるのは、働いてくだ

(18)　〒914-8555　福井県敦賀市明神町1。
(19)　風船を飛ばしたのは、岐阜県の寺町みどりさんらが主催している「女性を議員に　無党派・市民派ネットワーク」である。gifu.kenmin.net/Midori/top.html

水晶浜の先に美浜原発が見える

さっている敦賀のみなさんがいらっしゃるからですよね」と私は答えてしまったが、自分の言葉も無神経なものになってしまっているのでは、と胸が痛んだ。

「美浜原子力ＰＲセンター」を見学したあと、車でさらに北上し、「高速増殖原型炉もんじゅ」に向かった。向かう途中、晴美さんが次のように説明してくれた。

「ここは白木《しらき》という区でね、四～七世紀にかけて新羅から渡来人が敦賀半島にたくさん流入したことから、『新羅』が転じて『白木』になった所なの。原発ができる前はたった一八戸しかない集落だったの。原発が建つ交付金で道路ができて、生活基盤がようやく整うようにはなったけど、一人ひとりが裕福に暮らすには夢のまた夢のような、十分ではない額で……。でも、電力会社には原発があることでの特有の税制度があり、地方の交付金があるの。それに依存しないと、生きられないから原発は麻薬って言われているの。もしよかったら、『原発のコスト』って調べてみて」

対岸に「もんじゅ」がよく見える埠頭で、晴美さんの動画を撮影することにした。もちろん、大学の授業で使うためだ。

「高速増殖炉もんじゅ」を見たあと、「敦賀半島トンネル」（三八六三メートル）を通って戻ることにした。このトンネルはとんでもなく長い。数分間その中を走ったせいか、トンネルを抜けた途端に広がっていた海に感動してしまった。往路でも見ているので海があることは知っているの

コラム

原発のコスト

「原発立地自治体と交付金」において清水修司（2017）は、電源三法の「電源開発促進税（電促税）を税務署に納めるのは電力会社だが、電気使用量にしたがってそれを負担するのは電力の消費者である」としている。2017年の税率は1000kWh 当たり375円で、月300kWh 消費する一般家庭なら毎月約113円になるという。この税金は発電費用に含まれているため請求書にも領収書にも数字が出てこず、消費者にその存在はほぼ認識されていない。

納められた電促税は特別会計に入れたあと、周辺地域整備法によって発電所を受け入れた市町村と隣接する市町村に補助金（交付金）として分配される。これが電源三法交付金である。また、原発は、その建設にも運転にも大量の人的・物的資源が費やされる。１基当たり4,000～5,000億円の建設費が落ち、運転段階でも１発電所当たり数千人の雇用が生まれる。原発建設は一時的に大きな経済効果があるものの、完成後は急激にそれが収縮する。

元々、一般の事業所立地の条件が悪い場所に原発は造られるために、原発誘致を起爆剤に地域の経済発展を図ろうとしても容易ではない。発電所の建設が長期間（福島県双葉地方では広野町の火発を含めて25年）続くと、農村の地域経済構造は元に戻れないほどの大きな変容を被ることになる。建設中に膨張した建設業やサービス業の需要収縮の影響は大きく、地元市町村の財政においても、急激な収入の増加に対応した支出の拡大で膨張した支出構造は簡単には元に戻せない。原発を受け入れた地域・自治体がさらなる増設を求める背景にはこうした事情があり、「原発は麻薬」と言われている。（清水修司［2017］「原発立地自治体と交付金」、津田大介他編［2017年］前掲書、301～302ページ参照）

今回訪れた美浜原発のすぐ近くには、PR 館など洒脱な建物があった。資料も充実しており、対応してくれる職員や警備員も丁寧で、本当に感じがよかった。働くこと、仕事のあり方について、とても深く考えさせられた。

だが、視界の違いなのか、まったく違う感動があった。

「うわー青い！　透明！　宮古島の海みたい。私、沖縄の離島まで行かないとこんな海は見れないと思っていました」

興奮した私に晴美さんは、「見えるかな？　ほら、あそこに無人島があるの。水島（全長約五〇〇メートル）、北陸のハワイ！　干潮になると歩いて渡れるの」と説明してくれた。ここも通り沿いには海水浴場が連なっており、海水浴客で賑わいを見せはじめていた。

敦賀半島にある原発をひと回りして、敦賀駅に戻ることにしたが、晴美さんが車を停めた。そこは色ヶ浜だった。「奥の細道」を歩んできた松尾芭蕉（一六四四～一六九四）は、到達地である大垣をすぐ前にして色ヶ浜で休息し、句を詠んでいる。

波（浪）の間や小貝にまじる萩《はぎ》の塵《ちり》
小萩ちれますほの小貝小盃《こさかづき》

高速増殖原型炉もんじゅ

「ますほの小貝」とは、「真赭《ますお》の小貝」（チドリマスオガイ）のことである。その色彩・形状が秋の花である萩の花に似ていると芭蕉は詠んだ。(20) 晴美さんが「昔は薄い桜色の小貝が浜辺にびっしりと帯のように連なっていたの。『しただみ』という貝は手ですぐに捕れたから、このあたりの子どもたちは茹でておやつにしていた」と教えてくれた。しかし、「ほら、あのあたり」と晴美さんが指をさして教えてくれた砂浜に目を凝らしてみたが、貝の欠片どころか桜色の影も見つけることができなかった。

若狭の出身である水上勉《みずかみつとむ》（一九一九〜二〇〇四）は、一九八六年当時における若狭の情景を次のように書いている。

若狭は、うつくしかった海岸を埋めたてる工事が大はやりである。大きな発電所をつくるのに山をこわすから、土の捨て場に困って、磯に造成地をつけ足すことがはやっている。埋めたてが増えれば、そこに人家や施設が出来る。せまい国のことだから、それも、一つの利益かもしれぬが、むかしは白砂青松の砂浜だったところが、人口堤防のつき出た海水浴場や、

(20) 松尾芭蕉、潁原退蔵・尾形仂訳注（二〇〇三）『新版　おくのほそ道　現代語訳／曾良随行日記つき』KADOKAWA、六〇、二五二ページ。

ヨットハーバーに化けるのである。すると、あの無数に光っていた磯の貝たちは亡びることになる。(21)

「晴美さんが、敦賀で一番好きな場所はどこですか？」

と私が尋ねると、晴美さんは少し考えて、通り過ぎる岩場に目を細めながら、

「色ヶ浜かな。若いとき、健さんがあの三角の岩のところで素潜りして、サザエとかシタダミっていう海のタニシとか、たまにはウニなんかも捕ってくれたの。昔は、それを店に出していた」

と答えた。捕れたてのウニ！　もうすぐお昼だ。お腹がすいた。

車の助手席から若狭の海岸線を目でなぞっていると、若い二人の男女が磯辺で釣り糸を垂らしている姿が見えた。晴美さんと健さんの姿をその二人の姿に重ねながら、晴美さんにとっては艶めかしい思い出となる浜の風景を私は思い浮かべた。

「今でも、ここで釣りをしている人たちがいるんですね。何が釣れるのかな？」

「スズキとかかしらね。原発のタービンの冷却に海水を使うのだけれど、放水口の近くでは水温が三度上昇する。そのせいで、そのあたりの魚は一・五倍の大きさになっているって、ダイバーさんに聞いたことがある」

「え？　原子力発電に使った海水をそのまま海へ戻すんですか？　あの、放射能とか、大丈夫な

んですか？」

思わず早口でまくし立てると、晴美さんは「一応、冷却水は管の中を通っているというから。でも、それが本当にどうなっているのかは分かりません」と答えた。

「海は、遠浅の磯に波をうちよせて、海藻や貝殻を運んでこそ生きものに思われたが、殺風景なコンクリートや、テトラポットの岸にかわると、波はくだけて、貝もやってこない」(22)

原子力発電所が造られ、貝や魚たちの住む海の環境はすっかり変わってしまった。

「『夢の原子炉』と呼ばれ、資源の乏しい日本にとっても将来のエネルギー問題でも大きな役割を果たしてくれるものと期待されて」(23)いた高速増殖炉もんじゅも、二〇一六（平成二八）年一二月二一日の原子力関係閣僚会議において、「原子炉としての運転再開はせず、今後、廃止措置に移行する」ことが決定された。政府の基本方針で示された「もんじゅ」の廃炉にかかわる実施体制を見ると、「機構職員の他、協力会社の社員含む人員（約一〇〇〇名）を当面維持」と示されているほか、「概ね三〇年での廃止措置作業の完了を目指す」とされている。

ふと、建設費用のことなどが気になったので調べてみると、以下のような記述を見つけること

（21）水上勉（二〇一七）『若狭がたり――わが「原発」撰抄』アーツアンドクラフツ、五一～五二ページ。
（22）水上勉（二〇一七）前掲書、五二ページ。
（23）橋本昭三（二〇一〇）「もんじゅの運転再開の日を迎えて」、『日本原子力学会誌』第五二巻第九号、六九ページ。

図　原子力発電所の仕組み

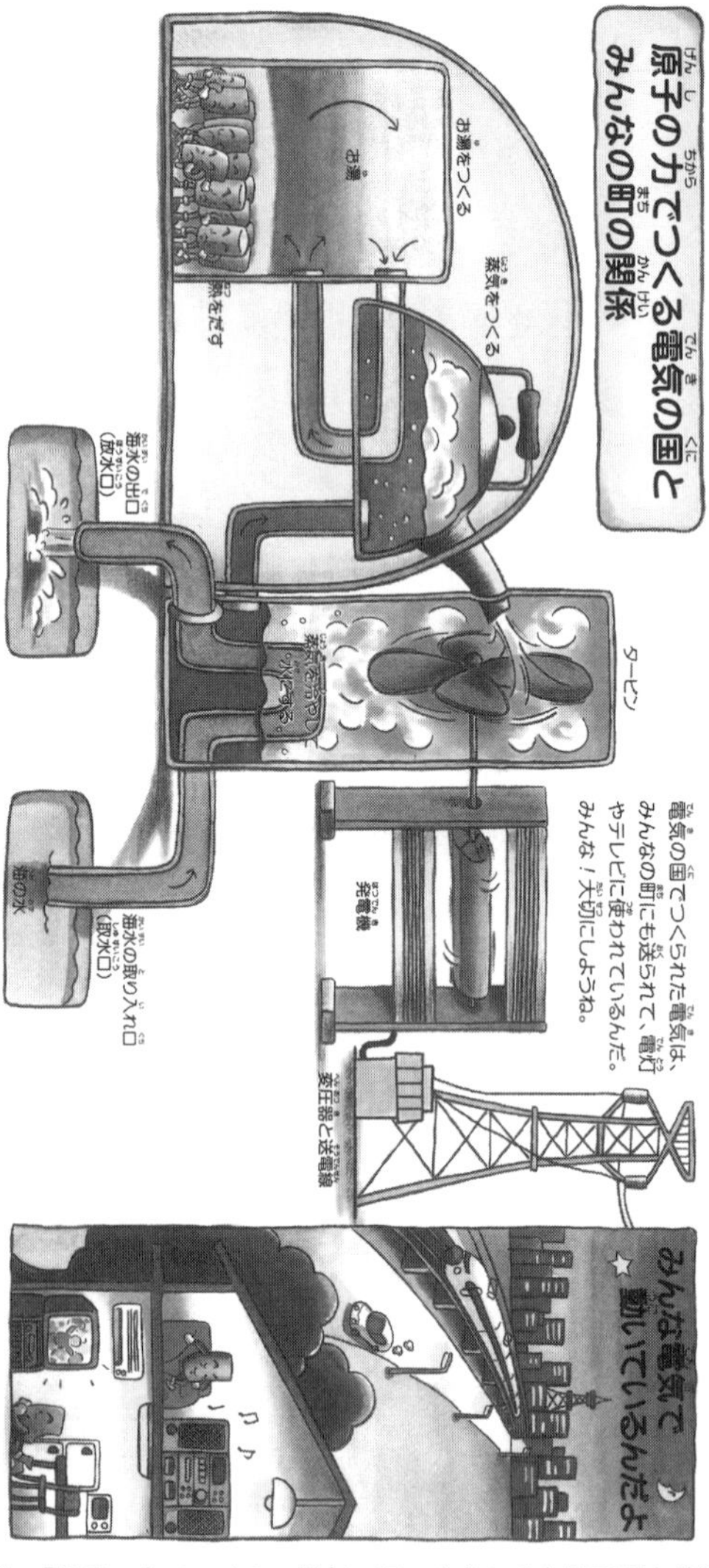

出典：「原子の力でつくる　電気の国へようこそ」関西電力美浜原子力PRセンター、7～8ページ。

ができた。

「敦賀原発では、事故の補修に約一四〇億円を投入したという。また被害補償として約二〇億円が見込まれている。同原発の建設費が公称三二三億円であることからすれば、大変な巨額だと言えるだろう(24)」

日本には五七基の原発がある。廃炉にするにも莫大な費用がかかる。現在、日本では、国と地方の「長期債務残高は、二〇一九年度予算を含めて約一一二二兆円と見込まれる。平成の三〇年で四倍超に膨れ上がっている(25)」という事実がある。いったい、その費用をどうやって捻出するつもりなのだろうか?


「選挙活動はしないけど、いつも一定数、誰だか分からない人たちが投票してくれているの。だから、市議会議員を続けられているのよ」

晴美さんはこのように言って感謝しながら、「いつも市民派、ずっと無党派」で活動している。このような晴美さんを信じている敦賀市民、そして電気を使う多くの人たちの生活を支えて働く

(24)　西尾漠（一九八八）『原発の現代史』技術と人間社、六四ページ。
(25)　〈東京新聞〉二〇一九年四月二九日付。

人たちがいる。とくに後者は、声を出しにくい人たちであろう。原発は、施設建設のために浜が埋め立てられたことで潰《つい》えた貝の命と、そこで働くたくさんの人たちの「命の灯」が支えてきたのだ。

「どこの党にも理念や理想、主張がある。そのために働く議員であるよりも、私は市民のみなさんの、敦賀での暮らしを守るために、私は自分の一票を市議会に投じたい。それが市民のみなさんの暮らしを支える、市議としての私の責任。それは、とても大きなことだから」

暮らしには祈りがある。どうか、人の暮らし、命の火が消えることがないように。どうぞ、人が貝のように黙り込まざるをえなくなるようなことがありませんように。敦賀市においては小さくなってしまった声が、晴美さんを介して市政に届きますように。

カメラのファインダー越しに輝く晴美さんの目を見ながら、私は強くそう願った。

第2章

祝《ほうり》のひと――祝島《いわいしま》の住民デモ、山秋真《やまあきしん》さん

1 何もない

WAN（ウィメンズアクションネットワーク）のホームページでの連載を私に提案した渋谷典子さんとの打ち合わせのとき、「次回の連載の人選は、さやかさんが取材した人に選んでもらうリレー方式にする」と決められていた。そのため、敦賀駅前のレストランで昼食をとっているとき、今大地晴美《こんだいじはるみ》さんの次に私が取材する人を指名してもらうことにした。晴美さんが指名したのは山秋真さんだった。

「山秋さんはライターさん。原発関連で知り合ったの。彼女の著書の文体から想像されるのには程遠い、あったかな人」と話す晴美さんに向かって、「祝島……？　って、どこですか？」と私は尋ねてしまった。

「山口県、かな？」

地理に疎すぎる私を慮《おもんばか》りつつ、晴美さんが優しく答えてくれた。

私、祝島に行くの⁉　もちろん、喜んで行きます。行きますよ、行きますとも……。祝島が山口県のどこにあるのかも知らない私だったが、展開が唐突だったこともあり、所ジョージの番組「日本列島　ダーツの旅」（日本テレビ）のようだと考えながら、大学の仕事のスケジュールもあるので、心苦しくも次のようにお願いをした。

「できれば、私の後期の授業がはじまる前に取材をお願いしたいです」

山秋さんへの取材依頼は、渋谷典子さんとの打ち合わせどおり、紹介者である晴美さんにお願いすることにした。すると、八月半ば、山秋さんから取材を受けていただけるとの返事がメールで届いた。

そして、二〇一七年九月一九日、いざ祝島へ向けて名古屋を出発。

祝島へは、ＪＲ徳山駅から山陽本線に乗り、四〇分ほど東へ行ったＪＲ柳井港駅で下車することになる。無人の改札口には、「ようこそ、柳井港駅へ。柳井港はすぐそこです」という看板があり、その向こうに見える国道１８８号を渡った正面に柳井港がある。ここから一日二便の定期船に乗って一時間で祝島に着く。

九月二〇日、天気は曇り。船内は、観光よりも暮らしのために海を渡るという人の笑い声や屈

図　瀬戸内海に浮ぶ祝島

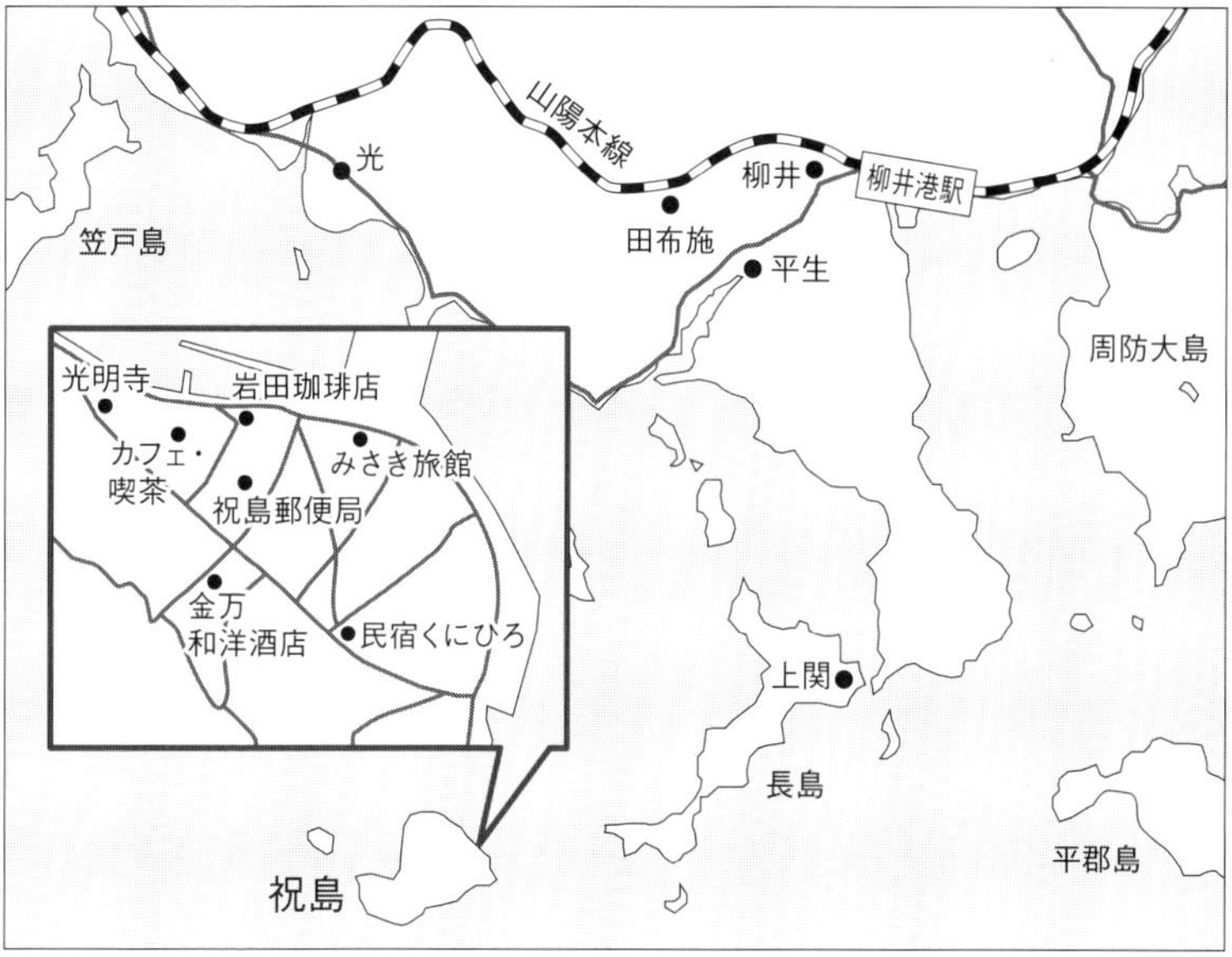

託のないおしゃべりであふれていた。

祝島の港に到着。船着き場に、きれいな若い女性が立っていた。

「島の地図はありますか？」と笑顔で尋ねると、「あそこに見えるカフェのところに地図の掲示板があります。その地図を越えて、真っ直ぐ進むと支所があって、そこで地図がもらえますよ」というきれいな標準語が返ってきた。

「みさき旅館さんはどちらですか？」

「支所の斜め、すぐに分かりますよ」

お礼を言って、「岩田珈琲店」（この女性は、休憩のときに立ち寄った岩田珈琲店の奥さんだとあとで分かった）を通りすぎて地図の掲示板を見ていると、「ああ、しまもりさん？」という声が後ろから聞こえてきた。

「みさき旅館さんですか？」

旅館のおかみさんが、自転車を押しながらゆっくり歩いて、私を迎えに来てくれていた！

前日、祝島行きの午前の定期船に乗るために、私は徳山駅付近のホテルに前泊していた。徳山駅に着いた途端、携帯が鳴った。わざわざ、「島に来るなら、泊まってって」という電話をおかみさんがくれたのだ。携帯の留守電を確認すると、その前夜にもおかみさんの優しい声が入っていた。見ず知らずの私への心遣いに驚き、とても嬉しく感じた。声が宝だった。

「この島は、全員が家族みたいだから」

私に話しかけるたびにおかみさんは自転車を停め、足を止めてはゆっくりと話した。

「山秋さんを取材させてもらいに祝島に来たんです」と、おかみさんに話しかけた。

「山秋さん、帰ってきてるん？」と、おかみさんは嬉しそうに目を輝かせて答えた。

「帰ってきてるん」……いい言葉だなぁ。いいなぁ、山秋さん。おかみさんに、祝島に帰って来ることを待ってもらっているんだ。心が温かくなった。

旅館に着くと、早速、おかみさんは二〇一七年九月一二日の〈朝日新聞〉と『中電さん、さようなら（1）』という本を大事そうに見せてくれた。新聞には、映画『祝の島《ほうり》（2）』の記事に黄色い付箋紙が貼られていた。おかみさんは、『中電さん、さようなら』に掲載されている島の女性たちが手にした幟《のぼり》の旗を愛しむように、指先で撫でて本のページをめくった。山秋さんが著した『原発をつくらせない人びと——祝島から未来へ』(3)にも書かれていた女性漁師の竹林民子さんの写真を見せて、「これが民ちゃん」と言った。

「民ちゃんは、警備員と中電社員に海へと押さえつけられた山戸さんを救うために、たまらず海に飛び込んだよ」とおかみさんは話してくれた。山戸さんというのは、山戸貞夫さんのことである。一九八五年から祝島の反原発運動に参加するために帰郷をし、以後、反原発組織「愛郷一心会」の会長。そして、一九九二年に改組した「上関原発を建てさせない祝島島民の会」の代表を二

---

(1)　那須圭子（二〇〇七）『中電さん、さようなら——山口県祝島原発とたたかう島人の記録』創史社。

(2)　纐纈《はなぶさ》あや監督の映画、二〇一〇年六月から公開。二〇一一年、シチリア環境映画祭ドキュメンタリー部門で最優秀賞を受賞している。

(3)　山秋真（二〇一二）『原発をつくらせない人びと——祝島から未来へ』八六〜九一ページに、民ちゃんのひじき漁のことが書かれている。

「みさき旅館」のおかみさん（右）と山秋さん

○一一年に退任するまで務めていた。

祝島では、三〇年以上にわたって島の人たちが反原発のデモを続けていると、今大地《こんだいじ》晴美さんから聞いていた。そのとき、「デモは何曜日ですか？」と尋ねたところ、「月曜よ」という答えをもらった。

山秋さんによると、「いまに至る祝島の月曜デモが、一九八二年に始まった。海上デモをした一一月一六日が一回目だという。その少しあとに陸のデモも始まった[4]」という。二〇一八年五月一四日には、一三〇〇回目となったことが〈朝日新聞〉でも報じられている。デモの「開始当時、島には一三〇〇人が暮らし、デモには三〇〇人ほどが参加した。いまは人口三七五人（［二〇一八年：括弧内筆者］五月一日現在）になり、参加者も三〇～四〇人に減った[5]」という。

残念だが、私は月曜日を待たずに、金曜日に帰郷することにしていた。デモに立ち会えないこともきっと縁なのだと、デモに参加できないと諦めた。

「では、島の散歩に行ってきますー。えべす屋さんってどこですか？」

おかみさんに尋ねると、「さっきの看板の裏」と教えてくれた。島に来る前、山秋さんからのメールで、「えべす屋さんのお弁当、とっても美味しいですよ。数にかぎりがありますから、予約しておいたほうが確実です」と聞いていた。

港に一斉に並んだカモメにじっと見つめられて、言い様のない静けさを私は感じていた。島の旅館や食堂がみんな閉まっている！「みさき旅館」には素泊まりの二泊だ。私は確信していた。「えべす屋」の弁当が買えなければ、今晩、必ず食いっぱぐれる――それは絶対に、絶対に避けたい！

港から一直線、地図の掲示板、交番、支所、そして「みさき旅館」が並ぶメインストリートを軸にして、山に向かって練塀《ねりへい》の小径が入り組んでいるというのが祝島の町並みだ。「袖擦り合う」という言葉がぴったりなくらい、小径はとてもとても細い。お互いに顔を合わせたら、挨拶しないほうが不自然なぐらいだ。と、観光客風情丸出しの私には感じられ、出会う人すべてに頭を下げ、挨拶しながら私は「えべす屋」に入っていった。

スパゲティサラダ、エビフライ、淡い出汁で炊かれた野菜の煮物が気前よく入ったお総菜パックを買い占めてホッとひと安心。お店のご主人が「誰に会いに来たん？」と尋ねてきた。

祝島のメインストリート

（4）山秋真（二〇一二）前掲書、二二ページ。

（5）朝日新聞 DIGITAL、二〇一八年五月一六日付　https://www.asahi.com/articles/ASL5H4FKJL5HTZNB00M.html。

「山秋真さんです。山秋さんから、ここのお弁当がとっても美味しいって聞いたんです」と答え終わらないうちに、ご主人は相好を崩した。

「山秋さん、帰ってきてるん？　いつから？」

やはり嬉しそうな声だった。

「分かんないです。私も明日会うんで……」

こう答えながら、（やっぱりすごいなぁ山秋さん。島の人たちのなかに溶け込んで、大事にされているんだ）と思った。

さて、これで食事の心配はなくなった。本格的に島を散歩することにした。

「猫の島」と、YouTube では祝島が紹介されていた。確かに猫はいるが、やはり猫は猫だ。素っ気ない。尻尾をピンと立て、お尻を向けて猫たちは行き過ぎた。「平さんの石積み棚田」や「行者堂」に行くかと考え、その方向を示す看板のほうを見ると、ピンクのTシャツのおばあちゃんが立っていた（あとで気づいたことだが、この人は『中電さん、さようなら』の三〇ページ左端に掲載されている、「わたしら海は売らんの。絶対に売らんの」と台船のワイヤーロープを体に巻き付けて叫んだという女性だった。そのうえ、本章で話をうかがった漁師の民ちゃんのお姉さんでもあった）。

「平さんの石積み棚田や行者堂には、どれくらいで行けますか？」と看板を指さしながらその人に尋ねてみた。すると、「男の足で、かたみち一時間、おうふく二時間。だから、行けんね。わたしらでもテイラー[6]に乗って行くけね。じゃけ、行けんね」という答えが返ってきた。

不意に「通せんぼ」をされたような気分だった。「そうですか……」と私は答え、海岸沿いをゆっくりと歩いて「みさき旅館」に戻ることにした。そのとき、背中を見られている、と感じた。

途中、堤防にコンクリートの階段があった。上ってみると、海岸にせり出していた。島を背に、見わたす視界のすべてが海と空だ。水面は凪ぎ、晴れ間が覗いてきた。

「猫の写真を撮りに来たってー」

背後で島の人の声がした。確実に、私のことを話している。猫好きな観光女子（?）に見られる出で立ちでよかった。携帯の着信音が鳴った。ここにまで職場からの連絡が来る。携帯を手にし、靴を脱ぎ、猫よろしくゴロリと横になった。

大空高く舞う大きな鳥と海を渡るカモメ、高らかに朗らかに囀るヒバリ。たまに船が行き交い、大きな白いクラゲがぷかぷかと波間を漂っている。きれいなオレンジ色の蝶がヒラヒラと、堤防下に広がるどこまでも透明な海面すれすれを横切っていく。穏やか、のひと言だ。何もない。

海と空だけを見つめていたら、すでに二時間が過ぎていた。島に着いてから正午を知らせる

（6）山秋さんの著書によると、トラクターに荷台が付いた移動用の乗り物のこと。

「エーデルワイス」の放送を聞いていたから、三時間ほど散歩したことになる。

ゆっくりと起き上がり、「みさき旅館」に戻った。「えべす屋」の美味しいお総菜を食べながら、日暮れの、コオロギの大合唱に耳を傾けた。パソコンの画面に写る原稿を眺めながら、次の日に会うことになる山秋さんへのインタビュー内容をチェックした。

2 中電さんがやって来た

滞在二日目、「まつる」ということ。「祀る＝神事《しんじ》」、「祭る＝行事」(7)、「政＝政事（政治）」という三つの要素が地域社会、もっと言えば日本社会をつくっている。たった三日ばかりの滞在で、私はこの三つの「まつり」をすべて目にするとは思っていなかった。「〝神霊の島〟として崇められてきたという」(8)祝島のお導きがあったのか……すべてが偶然のことだった。

さて、山戸貞夫さんによる祝島の紹介がとってもステキなので、紹介しておこう。


瀬戸内海の南西部に、ぽっかりと浮かぶハートの形をした小さな離島・祝島。

山口県室津半島の南西方向に当たる長島から、さらに三・五キロほど離れた海域にこの島はある。

周防灘と伊予灘の境に当たる周囲の海は「命の海」「宝の海」とも呼ばれ、島々に暮らす住民の生活を支える豊かな漁場となってきた。祝島の周囲には、平郡島《へいぐん》、長島、八島、牛島《うしま》、佐合島《さごう》、馬島といった島々が点在し、祝島海域の属島としても小祝島、小島、宇和島、ホオジロ島がある。

古来より祝島から姫島を経由して国東半島に至る、同時に瀬戸内海を通って畿内に至るのが主力かつ最短航路であった。都から九州へ西下する船にとっても、祝島は瀬戸内海海上交通の最後の目印の島としても知られ、東西を行きかう海民が難所を避け、海上の安全のために祈りをささげる神霊の鎮まり給う島としてあがめられてきており、万葉集にも詠われてきた。

家人は　帰り早来《はやこ》といはい島　斎《いは》いまつらむ　旅ゆくわれを
草枕　旅行く人をいはい島　幾代経るまで　斎ひ来にけむ
（『万葉集』巻一五　遣新羅使人）(9)

（7）矢作直樹（二〇一五）『世界一美しい日本のことば』イースト・プレス、五三ページ。
（8）纐纈あや（二〇一二）「いのちのつながりに連なる」池澤直樹・坂本龍一他『脱原発社会を創る30人の提言』コモンズ、二七〇ページ。
（9）山戸貞夫（二〇一三）『祝島のたたかい 上関原発反対運動史』岩波書店、三～四ページ。

家族なら早く帰って来てよ、祝島。旅人さん、帰っておいでよ、いつまでも。通りすがりの私が祝島を訪れて、山秋真さんに初めて会おうというその日に、唯一、祝島から「さようなら」と言われ続けている人たちが定期船「いわい」に乗ってやって来た。中国電力の社員三名、かの有名な「中電さん」ご一行様である。

「みさき旅館」のおかみさんに玄関先で挨拶をする山秋さんの声がした。急いで外に出ると、

「山秋です、港に急いで行きましょう。私も昨日の最後の船で祝島に来たばかりですけど、今日の今日、中電が突然来るっていうことになったと聞いて。月に一回、島に中電が定期的にやって来るんです。そのたびに、島に立ち入らせないようにと、島の人が中電に帰っていただけるようにお話ししているんです。でも、今日来るのは本当に予定外で。よければ、一緒に立ち会いませんか？　昼の船で帰るので、二時間ほどですけど……」

と、ゆっくりと山秋さんが言った。

「はい」と返事して、すぐに港まで二人で走っていった。山秋さんが私に、「本当に、今日は中電が島に来る日じゃないんです。この場面に立ち会えるなんて、嶋守さん、ある意味ラッキーですよね」と言った。そして、祝島の「政」への突撃取材がはじまった。

港の船着場前に島の人たちが集まっていた。山秋さんと私、ほかにも取材に来ていた女性一人を含めて総勢三〇名ほど。そのなかには警察官も混じっていた。

スクーターのような単車が通り過ぎていった。軽トラックも一台やって来た。運転席には、いかりや長介さんによく似た白髪の男性が乗っていた。道を塞ぐように、ゆっくりと、ゆっくりと、その場にバックで停めた軽トラのエンジン音が、まるで映画『ゴッドファーザー』（一九七二年）のBGMのようだった。「中電さんを島には入れない」という迫力を感じてしまった。

先ほどの単車がまたやって来て、話をしている人たちのそばで「危ないよ、危ないよ」と言いながら単車を停めた。すぐさま追いかけられるようにだろうか、エンジン音が鳴り続けている。この単車には農具が積まれていた。

あ！　もしかして、これが噂の「民ちゃん号？」。みんながそう呼んでいるという。

「今日は枇杷《びわ》の葉を取りにいくけぇ」と言ったその人に、島の人が「民ちゃん」と声を上げた。「正義の味方がやって来た！」と喜ぶ声のようだった。やはり、竹林民子さんだ、間違いない。

島の人が中電さんに、必死になって島からのお引き取りを願い続けている。声を荒げてシュプレヒコール？　と想像していた私だが、島の人たちも中電社員も談笑していた。ただ、島の人たちの目には、「悪事を見逃すまい！」という気配が感じられた。

定期船が到着した一〇時半から昼の便が出る一二時半まで、私もこの場に立ち会った。話の内容は主に四つ。

月に一回は島にやって来て、「原発建設にご理解いただく」と話す中電社員のほかに、祝島にこっそりとやって来ては、原発建設に賛成する人（推進派。「スイシン」と島の人は呼んでいる）を増やしていること。原発建設予定地となっている「共有地」を中電が買い上げ（ようとしてい）ることは、原発建設反対の島民にも知られているということ。中電社員がやって来るたびに島民が港でお話しなければならないので、生業である農業や漁業の妨害になっていること。だから、島にはもう来てほしくないということである。

最初は私も、島の人たちと中電さんとの話に耳をそばだてていた。だいたい三〇分で四つの話題が一巡する。立ちっぱなし、照りつける日差しのなかで日陰を探しつつ一時間以上が過ぎ、四つの話題が二巡もすればさすがに私の集中力も途切れてくる。いろいろと別のことも考えてしまう。これはいけない、どうしよう……。

山秋さんは、島の人たちの真ん中でＩＣレコーダーを作動させて、懸命にメモをとっている。そうか、取材する山秋さんの写真を撮っておけば、この時間に山秋さんが取材をしていたという証拠になる。私は持っていた iPhone でその場の写真を撮ってみた。叱られるかしら？　しかし、誰にも撮影は止められなかった。それどころか、中電さんが私のカメラに向き直ってきたかのように思えた。

誰も、何も言ってこない。では、動画を撮っておくかと数分ほどカメラを向け続けた。やはり、誰も遮らない。では、話し合いの様子を録音してみようと、私はわざと目立つように iPhone を持ち、話の輪に近づいてみた。島の人も中電さんも、私のiPhoneを囲んで四つの話題を繰り返し話し続けていた。これは、この様子を中電さんたちも記録されようとしているのか？　なるほど、そうであるならば、話し合いの最後となる三〇分ほどの肉声をここに載せておこう。

「お会いできないこともありますけど、そうじゃない島の方もいらっしゃるので」と言ったのは中電さん。それに対する島民の声は次のようなものであった。

「まぁね、いらっしゃるじゃろ」

「手土産持って来て、一本釣りのスイシンのあれじゃろ」

「向こうの回答はわからんじゃけ」

「見てないと思っても見とるんじゃけ、わからんと思っても、そういうこと見とるんじゃけ。そうやって広げようとしているだけやろ」

「さっきさ、室津のほうで乗ってきた人ににこやかに挨拶しちょったけど、誰に挨拶しちょった？」

「●●△△（祝島の方の個人名）、そうじゃね。会うちょる、ね」

「まぁ、共有地を売るちょかやろ。いくらで売ったの？」

「顔を合わせたって、どこで顔合わせたの」

話し合い

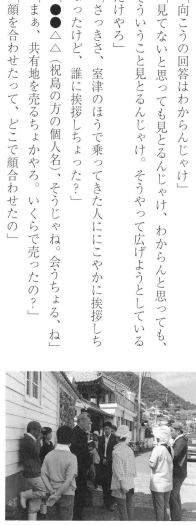

「病院に見舞いに行ったんじゃろ。なんぼ入れたん、中に」

「やっぱ金、わたしとるんじゃん」

「ご理解ちゅうけど、共有地、なんぼで買ったんですか。そういうのが知りたい」

「そのご理解は得られんですか、ハハハ」

「理解を得たいなら、そういうのはみんなガラス張りにせんにゃ。こそこそこそこそしよるのは、そっちじゃけぇ」

島の人たちは、だいたい五人が三人の中電さんに向かってずっと喋り続けていた。誰かが疲れたらほかの人が交代する。なんと素晴らしいチームワーク！

「結局、矛盾が多いわけですよ、やってることに」

「こうしてさ、来るたびに、来んといてくれ来んといてくれ言うちょるのにさー。ねぇ、そろそろこちらを理解してほしいもんです」

「あなたたちだって面倒くさくないです？　上から言われて来てるんでしょうけど、毎回こうして私らも来て」

「あー来られましたよ、て、言ってあげますよ」

「毎回するのは、聞いた話ばかりだしね。もう来たってことにしいね」

「報告書もデータ保存しておいて、日付だけ変えて、来ましたよって。毎回同じだとばれるから、

コラム

共有地

共有地の問題は1997年末に急浮上した。中国電力は上関原発の建設予定地の８割取得を目指していたが、確保できていたのは当時７割だった。四代地区（柳井市の南、室津半島の突端、長島の最南端の集落）の共有地は入会地《いりあいち》となっている。登記簿に各地区民の持ち分が定められていない共有の土地のため、「入会地の売却には地区民全員の同意が必要だ」とした反対派地区民に対し、推進派が大勢を占める四代地区の役員会は臨時総会を開き、多数決でこの土地の売却を決めようとした。しかし、総会当日、祝島をはじめとする約300人の反対派が会場に通じる４本の路地すべてを埋め尽くした。

総会は中止されたが、中電と推進派の四代地区の役員会は総会を開かないまま、極秘に地区の共有地と中電所有地との土地交換契約書に調印した。中電が取得した共有地は原子炉予定地で、それを発電所敷地の外側にある中電所有地と交換すると決めた。

1999年２月、反対派の地区民は「住民全員の承諾を得ずに決められた共有地の交換譲渡は無効」と中電を提訴した。2003年、山口地裁岩国支部は現状変更を禁じたが、2005年、二審の広島高裁は原告敗訴の判決を出し、最高裁に上告。最高裁は2008年に上告を棄却したが、裁判官５人中裁判長を含む２名が反対意見を付けた。（那須圭子［2007］67、70ページ、祝島の暮らしと上関原発～止めようSLAPP 裁　判（https://kaminoseki-genpatsu-slapp.jimdofree.com/）参照。情報取得日：2020年５月27日）

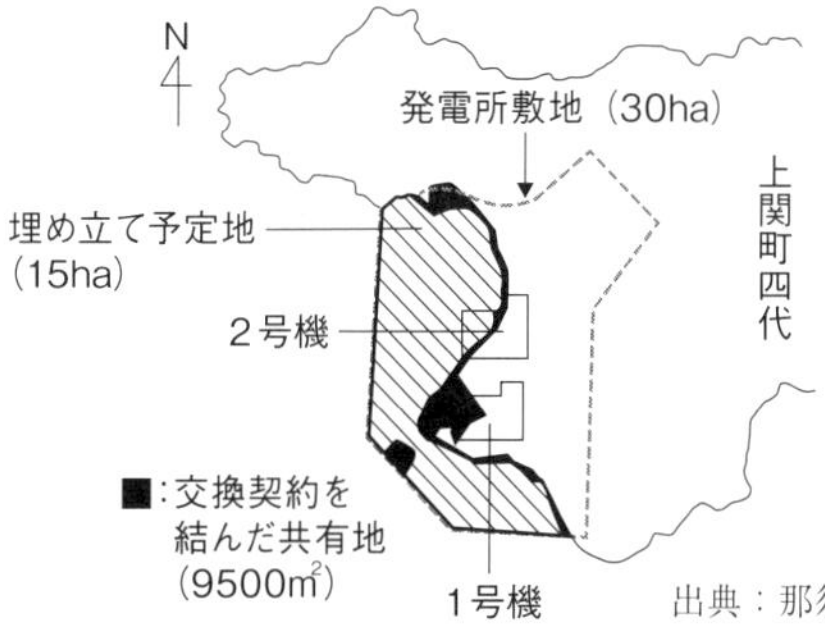

出典：那須（2007）70ページ。

ちょこちょこっと内容だけ変えて」

「ご理解をもらうために来ちょるわけではないって、それだけ書けばいいね」

「嫌がらせに来とる、嫌がらせじゃ、嫌がらせじゃ」

「わざわざ山から下りてきとる、わしら」

「実は、来て、追い返されるのはフェイクじゃん。誰かこそっと来ちゃ、回っとる。怪しいのが何人かおる」

「今までそうやってきたんじゃけ、そう思われても仕方なかろう」

島の人たちのなかで、ひときわ響く声があった。橋本典子さんだ。

「ほうやって金をまいとるけー、絶対信じられん」

「こっちの目をかいくぐって、いろいろやってるわけですから」

「夜のうちにばーっと回って。この前ブイをばーっとまいて逃げたのと同じじゃ」

「悪いことばっかりせよる、あなたたちが。謝りよる姿見せたら、私らばかり悪く見られる」

話に出てくる「ブイ」とは、中国電力が田ノ浦の埋め立て予定地に設置する灯浮標《とうふひょう》のことだ。二〇一一年二月二一日、中国電力は六〇〇人もの態勢で埋め立て工事を強行しようとした。翌二二日には、田ノ浦の入り口にオイルフェンスを設置しようともした。オイルフェンスが設置されれば、海から田ノ浦への出入りができなくなる。

橋本典子さんはウェットスーツを着込み、サーフボードでオイルフェンスを運ぶ小舟に近づいていった。そのときの様子が、前掲した『原発をつくらせない人びと——祝島から未来へ』には次のように書かれている。


典子さんは、小舟のロープを身体に巻き付けた。そして、そのまま小舟の船首につかまって、八時間、サーフボードの上に座り続けたのだ。(10)


東日本大震災が起きる一六日前の二月、寒い海のなかたった一人で、である。

「あなた方だって、来たらこういう展開になるってことは、毎月毎月こうなんだから、さすがに予想できる話じゃないですか」

「こういうのが、糠《ぬか》に釘《くぎ》って言うやつや」

「一時間半、頭下げていりゃ、仕事になる。夜になりゃ酒飲んで、橋本典子、バカ野郎ってくだ巻いて。今日もやられたなぁって」

(10)　山秋真（二〇一二）前掲書、一六五～一六七ページ。

「いや、もう愛情に変わっちょるかもしれん。いくら持ってきたら、ボケるかねって、一億持ってくるかもしれん」

「試しに持ってきちょくれ」

「そしたらニュースじゃね。日本全国騒ぐ、それもいいね」

　録音した声を文字に起こしたが、だいたいこれで三〇分間分となる。この一巡が四回繰り返されたのだ。二時間も話を聞いていたことになる。粘り強く、辛抱強く、譲らない。どんなことがあっても決して後には引かない議論の仕方を、私は祝島で学ぶことになった。

　正午を告げるエーデルワイスが鳴った。「船が出るけぇ」と島の人たちが言うと、中電さんが船に乗り込んだ。島の人たちは、船が出港するまで港を離れず、じっと中電さんが島を出ていくのを見張っていた。

出港

3　ほふりの島

　一〇時三〇分に祝島に到着した中電さんご一行は、一二時三〇分発の柳井港行きの定期船で祝島を後にした。スーツ姿の彼らは、「みなさんのご理解を得るために、こうして伺っています」

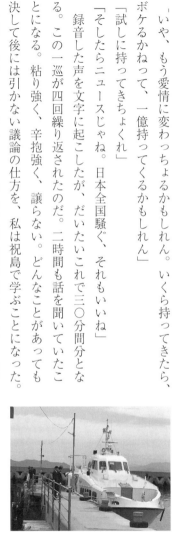

とずっと繰り返していた。祝島の人たちともっとも言葉を交わしていた人（私は「中電1号」と呼ぶことにした。あと二人いたので、「中電2号」、「中電3号」と命名した）は、私より二歳年上であると後で聞いた。その人の髪の毛は真っ白だった。

何を言われても語気を荒げず、手は出さない。身体の前でアタッシュケースの持ち手を握り、中電2号、3号に至っては姿勢も崩さず、ほぼ微動だにしなかった。革の剝げたその人たちの茶色い靴が、ひどくくたびれていたことも印象深かった。

この仕事で、中電1号、2号、3号さんたちはお給料をもらっている。これが、私と同世代となる人の仕事である。そのこと自体に、私は考えさせられてしまった。

船が出ると、祝島の人たちは三々五々船着き場を離れ、山へ、海へと仕事場に戻っていった。岬で羽を休めていた多くのカモメも飛び立ち、昨日、私が港に降り立ったときのような穏やかな風景に戻っていた。恨めしいほど、すでにとても陽が高い。

ああ、私は、ものすごく腹が減っ、た！（『孤独のグルメ』の井之頭五郎さん風に）

「お昼、食べに行きましょうか？」

山秋真さんと二人並んで歩きはじめた。船着き場から左に向かい、細い路地を少し山側に入ったところが「わた家」だった。手づくりの日替わり定食が美味しい軽食屋である。

山秋さんの顔は、「みさき旅館」の玄関で拝見してはいた。店に入り、大きなひさしが付いた柔らかな帽子を脱ぐと、山秋さんの肩で真っ黒な髪がふわりと揺れた。テーブルを挟んで、改めて自己紹介をしあった。山秋さんはとても色白で、眉毛が印象的な美人であった。

日替わりのランチが運ばれてきた。

「今日はサヨリの一夜干しじゃないんですか？」

山秋さんが声をかけると、「あの人たちが来てたでしょう。朝からバタバタで、何も用意できなくて、ごめんね」と店員さんが答えた。その人は私よりも年上のようだが、肌は白くて透明で、シミも皺も一つもなかった。化粧っ気がないからこそ若くて美しいということに驚いた。そう言うと、「空気がキレイだから」と、店員さんたちがきれいな声で笑っていた。

山秋さん

サヨリの一夜干しは祝島における「反原発」への取り組みの一つだと、私はのちに山戸貞夫さんの本で知った。「原発を潰しても、島もついでに潰れたでは、あまりにも悔しい。原発を潰し、島も新しい価値観で元気になった[11]」と言えるための地域づくりとして、漁協婦人部によるサヨリの加工が一九八七年からはじまっていた。

そのサヨリが食せないのは残念だったが、日替わり定食として出された焼いたばかりの魚の切り身、温かな白飯、そして橋本典子さんがつくっている島の味噌でつくられたお味噌汁が何より嬉しかった。湯気が旨い！　じわりと熱い汁が五臓六腑にしみわたっていく。

「昨日、『えべす屋』さんのお弁当食べましたよ」

「夜も？」

「はい。夜はお店が閉まってしまっていたし、『みさき旅館』さんには素泊まりでお願いしてるので」

「昨日は水曜日だったから！」

そうです。夜にはすべての店が見事に閉まってしまいました。

「宿屋さんも前は島に三軒あったけど、一軒は火事に遭われたそうで。みさきさんも、前はお料理されてたけれど、もうしてないですって。予約の電話をしたときにおかみさんがおっしゃって。だから、温かいご飯が本当に美味しいです。本当にご馳走です！」

こんな口調だったから、山秋さんに年齢を尋ねても大丈夫かなと私は思った。すると、私よりも一つ年上だった。そこからお互いの緊張の糸がほぐれ、コーヒーを飲んだあと、二人で連れだって、私が泊まっていた「みさき旅館」に戻ることにした。

---

(11)　山戸貞夫（二〇一三）前掲書、三四ページ。

部屋のテーブルに、冷たい枇杷茶が入った魔法瓶と湯飲みが二つ置かれていた。私が使わせていただいた「みさき旅館」の部屋は、山秋さんいわく「スイートルーム」だった。革張りの大きなソファがある立派な部屋と一二畳の和室がついていた。トイレはくみ取り式。祝島にも水洗トイレはある。しかし、心を込めて磨かれたとても清潔なトイレが部屋を出たところにある。本当にステキだった。

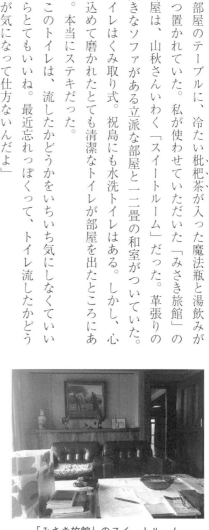

「このトイレは、流したかどうかをいちいち気にしなくていいからとてもいいね。最近忘れっぽくって、トイレ流したかどうかが気になって仕方ないんだよ」

　トイレから出て部屋に戻った私の言葉にふいを突かれたのだろう。山秋さんが大爆笑した。スッキリしたところで、私は山秋さんへのインタビューをはじめることにした。

「みさき旅館」のスイートルーム

　まず、山秋さんの経歴をうかがった。二〇〇三年一二月五日に原発計画が凍結された石川県珠《す》洲《ず》市《し》において、「市長選の手伝いに来てよ」と電話で呼ばれたのが一九九三年二月のことだった。携わった選挙運動の争点だった原発問題が、山秋真さんにおけるライター人生の出発点であった。選挙運動に奔走するなかで、珠洲市において原発用地取得に関する脱税事件が発覚した。二年間にわたる選挙無効の審理記録を山秋さんは取りはじめた。その記述の成果が、二〇〇七年に出版された『ためされた地方自治――原発の代理戦争にゆれた能登半島・珠洲市民の13年』という本である。書き残し続けるモチベーションや心情を、山秋さんは次のように記している。

記録をとりはじめたのは偶然だった。選挙無効の裁判がはじまって、それが武器になることを知った。脱税事件が発覚すると、記録を蓄積することで見えてくるものがあることに気づいた。ノスタルジーのためではない。同じような事態に見舞われた「別のどこか」が泣き寝入りしないですむように。そのために経験を共有できたら[12]。

そもそも、山秋さんがなぜ原発問題に関心を抱きはじめたのかについて尋ねてみた。すると山秋さんは、一九七九年三月二八日のアメリカのスリーマイル島原発二号機の炉心溶解の大事故だ、と即答した。事故当時、山秋さんは八歳だった。幼少時の原発事故が山秋さんのライター人生の原点にあったことになる。

(12)　山秋真（二〇〇七）『ためされた地方自治　原発の代理戦争にゆれた能登半島・珠洲市民の13年』桂書房、二六九ページ。同書は第一三回平和・協同ジャーナリスト基金荒井なみ子賞、第四回松井やよりジャーナリスト賞を受賞している。

インタビューの際、山秋さんは「ライターになろうと思っていなかった。気づいたらなっていた」と繰り返していた。そんな山秋さんにおける原発問題との出会いは次のようなものだった。

「二〇歳の夏に原発の問題と出会ったのも偶然だ。私は交換留学生として、アメリカの片田舎にある大学町に暮らしていた。そういう機会だからこそ、日本からは行けないような、アメリカのどこかに行ってみよう。そう思って地図をひろげたそのとき、いつか聞いた地名がよぎった。『スリーマイル島だ』。そこでゲンパツジコがあったことは聞きかじっていた。でも、ゲンパツって何だろう。行ってみようか。そのくらいの気持ちで向かった[13]」

アメリカで山秋さんの一人旅がはじまったというわけだが、山秋さんはそこで「人生最大とも言えるピンチに見舞われた」と言う。それがどんなことなのかと何度か尋ねたが、頑として口を割らなかった。墓場にそれをもっていくという山秋さんの決意を感じたので、それ以上は聞かないでおくことにした。

「偶然のなかには、必然だったのではないかと思うほど育っていくものがある[14]」

山秋さんは『ためされた地方自治』を書いていたとき、東京大学の上野千鶴子先生のゼミに参加していた。二〇一二年一二月、第二次安倍政権ができる衆院選のときである。多くの団体で「脱原発世界会議」を共同開催することとなり、上野先生が主宰するＷＡＮ（ウィメンズアクションネットワーク、一一ページ参照）からの実行委員を山秋さんが務めることになった。そこに、今《こん》大地《だいじ》晴美さんや橋本典子さんをトークセッションのゲストとして招いたという。それ以降も山秋さんは祝島を訪れて記録を残し続けていたが、本書の原稿を書いている二〇二〇年の現在は、新型コロナウイルス感染症の流行拡大を案じて、来島を遠慮しているとのことである。

「見たい、知りたい、見届けたい。一〇〇パーセントを分かることはできないと思ってる。けれど、人に分かってもらいにくいようなことも一緒に知りたい。同じ場所に身を置いたり、時間をともにすることで少しずつ学んで、想像力や共感で補おうと思っている。目の前にいる人の言葉の意味、深みが分かるようになりたいんですよ。『ある』ことを『ない』と言ったり、『ない』ことを『ある』と言ったりして、事実をねじ曲げられて原発を押しつけられたりしないように。やられっぱなしにならないように、記録して発信しています。それは自衛、祝島を守るためです」

温厚で優しい山秋さんだが、このときは、私が持つビデオカメラを見つめてこのように力強く言った。

夕方になり、お腹がすいた私たちは、「みさき旅館」を出て夕食をとることにした。

「ねぇねぇ、山秋さん。夕方五時に鳴る港の音楽って何だっけ？　正午がエーデルワイスっての

---

(13)　山秋真（二〇一二）前掲書、二一五ページ。
(14)　前掲書、二一六ページ。

は分かるんだけど、夕方五時のは曲名が分からなくて……」

「何だっけ？　メロディは歌えるんだけどな」

一つしか年齢が違わないせいだろう。会ったばかりなのに、お店の大将にも「ずっと友達だったでしょう」と言われるほど、二人の会話は気安く盛り上がり、弾んでいた。

「じゃ、思いっきり、アッツアツの美味しいのをたらふく食べよう！　飲むでしょ？」

乾杯するやいなや、テーブルに料理が次々と運ばれてきた。新鮮な野菜が、大きな肉が、お皿の上でどーんと惜しげもなく気前よく照り輝いている。鶏の唐揚げの中華あんかけ、麻婆茄子にゴーヤチャンプルー、何だか凄いことになってきた。噛みつけば、口の中で弾ける肉汁！　ジューシーで美味いッ！

「島にUターン、Iターンの人も多いの。その人たちがお店をやってらっしゃって、『食事処　古泉』の大将さんも関西でお店をしていて、とっても繁盛してたって話よ」

ゴーヤチャンプルー

麻婆茄子

コラム

祝島に移住しました（堀田圭介さん）

家族４人で祝島に来て８年目。きっかけは2011年の東日本大震災と福島での原発事故で、僕の中ではとても大きな出来事でした。当時は札幌で珈琲店を経営していましたが、震災のショック冷めやらぬ頃、祝島のドキュメンタリー映画を見て大変感銘を受け、「祝島に行くのもいいなあ」と感じました。福島の事故の情報をやり取りしていた札幌の知人の紹介で、上関原発反対を応援している「虹のカヤック隊」の方に島のことをうかがいました。その後、祝島の自治会長さんに「島に住みたいんです」と電話で話したら「まー、１回来てみんことにはねえ」と言われましたが、遠く離れた祝島がだんだん近づいてきて、運命みたいなものを感じていました。

妻も息子２人（当時小学生）も「行こう行こう！」とノリがいい家族です。年が明け、僕が島に下見に行き、自治会長さんと「島民の会」代表の清水敏保さんとお会いしたら、「家族で来るなら本気かもしれん」と家を探してくださいました。３月１日に移住を決め、ドタバタしながら４月に引っ越し完了。島でカフェができるのかプランはなかったんですが、「焙煎機があれば豆が焼け、地元のお客さんに販売できる」と思う一方、「この先どうなるんだろう、札幌の店もたたんで戻る場所もない」とも感じていました。でも、2014年の春に海辺でカフェを再開、島の人に支えていただき何とか暮らせています。（中略）

先週、島内デモは1336回目、島の人たちが刻んできた歴史です。すごく素敵な島です、どこを撮っても絵になる。祝島は社会的なことで取り上げられるけど、島の人はみんな面白いし、スタジオジブリの作品の中で暮らしているような毎日です。

（「上関どうするネット 国会ニュース」2019年９月５日イベント特集号より引用。一部改変）

夜も八時が過ぎ、お客は山秋さんと私の二人だけになっていた。漁業に農業、自然だけを相手に生計を立てる祝島の人たちにとっては、夜も、そして朝もとても早い。そろそろ宿に帰ることにし、冷たいお茶をもらった。

「ウーロン茶はないよー、ここは枇杷茶じゃけ」

ウォータージャグに付いた小さな蛇口をひねり、湯飲みまで冷たくなるほどの枇杷茶をジャージャーといただいて会計をすませ、店を後にした。

「車社会ではない祝島のなかの道は、中世の城郭都市かと思うほど、細道が自在に入り組んでいる。私自身も、ときに迷ってしまう[15]」とご自身の本に書いている割には、実に器用にクルクルと練塀《ねりへい》の間をすり抜けていく。後ろをついて歩く私の身体を、蒸し暑いだけでなく湿り気を帯びた潮風が通りすぎていく。こりゃ次の日は雨ですね、とおぼろげに予想できるような潮風であった。「じゃあね」と、翌日の約束もそぞろに、「みさき旅館」の玄関先まで送ってくれた山秋さんが軽やかに手を振った。

引き戸をコロコロと開け、酔っ払った私は布団に潜り込んだ。あ、このまま寝てはいけない。旅館のおかみさんがお風呂の用意をしてくれている。沸かしてくれたキレイなお湯は、絶対に使わなければもったいない。お風呂に溜めた水も、沸かした熱も、貴重な島の資源なのだ。もったいない、もったいない。明日には、旅館のおかみさんともお別れとなる。あっという間、寂しいのひと言だ。

ノソノソと起き上がり、ヨロヨロと湯船に浸かる。不意に、山秋さんの言葉を思い出した。

「いずれにしても、明日の天気次第で何をするか、どこに行くかを決めましょう」

ここは、映画『祝《ほうり》の島』(16)の監督である纐纈《はなぶさ》あやさんが言う、「営々と続いてきたこの暮らしそのものが、すでに脱原発社会」の祝島である。明日、私はようやく島を歩く。原発が建てられてしまうかもしれないという田ノ浦に、行く。とはいえ、島を歩いてそこを見るだけで、私に分かることがあるのだろうか。

何を見て知れば、「分かる」っていうことになるのだろうか。やはり、もうちょっと、分かるために考えておく必要がある。でも、何を？

「山に来れば、耳がほんとうの耳になって、いろいろな物音が聞こえるようになる(17)」

石牟礼道子さんが著した『水はみどろの宮』の、私が好きな一節をふと思い出した。一九八二年に著した『常世の樹』（葦書房）を執筆するとき、石牟礼さんは「樹に逢いにゆく旅」として

(15)　前掲書、二七ページ。
(16)　纐纈あや（二〇一一）前掲書、二七一ページ
(17)　石牟礼道子（二〇一六）『水はみどろの宮』福音館書店、五七ページ。

祝島を訪れている。「川の、水の源流は木だと思って、だから木も見たいし、渚という生命が行ったり来たりするところも見たい[18]」と、石牟礼さんは桑の木について書いている。

桑の巨樹は、鬼の窪とおそれられる風の吹く三浦の谷の中腹にあって、すぐ側に、コッコーなる小さな実をつけた蔓性の樹を見ることが出来た。

桑はひどく暗示的な樹であった。その外観によってわたしたちを誘うのではなく、島の内的世界へ這入ってゆく入り口が、桑の木であった[19]。

「コッコー」とはキウイの原種で、「獼猴藤」と書く。「みさき旅館」のおかみさんが、港から旅館に着くまでの道を「ここが祝島のメインストリートよ」と教えてくれた道ばたに、「季候がいいからといってね、キウイをここに植えてあるけど実がつかなくて」という木があった。その細い枝々と、「島の内的世界へ這入ってゆく入り口」とやらを私は思い浮かべてみようとした。何かを考えるか、考えるまでにも至らなかったのか、布団の上で酔いとの
ぼせで真っ赤な顔をした私は、あー気持ちいいと思った瞬間眠りに落ちていた。

4 二艘の船——祭りと祀り

祝島での三日目、雨。島を歩いてめぐり、さらに船で原発建設予定地となっている田ノ浦へ気軽に視察に出掛けよう、とは思えないほどの強い雨音で目が覚めた。天候なんて何のその。もちろん、雨合羽も、どれだけ濡れても気にならないスニーカーの準備もある。しかし、どう考えてみても外歩きには不向きの雨がぬらしていた。

約束の朝の九時、「みさき旅館」の玄関まで迎えに来ると言ってくれていた山秋さんがまだ来ない。「船が出るまで、部屋を自由に使っていいからねー」と、おかみさんが言ってくれた。そして、「山秋さんに連絡を取る」と言って、おかみさんが民ちゃんに電話をかけた。民ちゃんは漁師だが、「民ちゃんは祝島のお巡りさん。困ったときは、何でも民ちゃんに言えば大丈夫」と、おかみさんは笑いながら言っていた。

「山秋さん、船着き場にいるってー」

---

(18)　石牟礼道子他（二〇一八）『追悼　石牟礼道子　毒死列島　身悶えしつつ』株式会社金曜日、八四ページ。
(19)　石牟礼道子（一九八二）『常世の樹』葦書房、一四二ページ。

えっ、本当に。おかみさんがいそいそと自転車を押して、山秋さんがいるという海辺まで私を連れていってくれた。交通信号機のない人口三六〇人の小さな島とはいえ、車の往来がまったくないわけではない。自転車が車に巻き込まれないように、おかみさんが自転車と一緒に転ばないように気を配りながら、島の人と挨拶を交わしつつたわいのない話をしていたら船着き場に着いた。山秋さんの居場所はすぐに見つかった。

雨が海を、砂浜をぬらしている。誰かの船出なのか、キレイな光景だなと思っていると、二色の紙テープが手渡された。

「祝島港で水揚げした魚を本州に位置する室津へ運んで陸に出荷していた祝島丸が、老朽化していよいよ廃船になるのですって。一緒にお見送りをしましょう」

「祝島丸は祝島の漁協の船なので、廃船は感慨深い」と言いつつ、山秋さんは船に乗り込み、熱心に船内の写真を撮り続けていた。

祝島丸の船出を見送って「みさき旅館」に戻る途中、山秋さんが満面の笑顔で私に話しかけた。

雨の海

「祝島丸」の写真を撮る山秋さん

「船大工さんが、せっかくなので神舞《かんまい》の船をどうぞ見てって」

神舞とは、山口県指定無形民俗文化財「神舞神事」のことだ。前掲した『原発をつくらせない人びと』には、次のように書かれている。

> 大分県と山口県との海上約四九キロメートルを神様船《かみさまぶね》（御座船《ござぶね》）と呼ばれる祝島の船三隻が往復して、大分県国東《くにさき》半島にある伊美別宮社《いみべつぐうしゃ》の神職らを送迎し、櫂伝馬船《かいでんません》と呼ばれる手こぎの小舟や祝島の漁船などの奉迎船《ほうげいせん》が祝島沖でその三隻を出迎え、そこからロープで船をつないで縦に列をつくり、海上パレードをしつつ祝島に入る。[20]

「神舞は四年に一度しか開催されなくて、船はこの倉庫に保管されているんですよ。船が見られて、嶋守さんはラッキーですね」

と話す山秋さんの言葉に合わせて、重い大きな鉄でできた倉庫の扉が開かれると、大きな木造の船があった。

「こちらの船大工さんは、ＮＨＫの大河ドラマ『平清盛』（二〇一二年）の撮影のために中世風

---

(20)　山秋真（二〇一二）前掲書、三一〜三二ページ。

の船を造られたんですよ。支え木と万力《まんりき》を使って、真っ直ぐで長い船板を何度も炙って曲げて、造られたものなんです」

弾んだ声で説明しながら、山秋さんは船の写真を撮っていた。

「船の上に乗らなければ、触ってもいいよー」と、船大工さんが言った。

「船の上は神聖じゃけ、男しか乗れんよ」と、一緒に船を見ていた「みさき旅館」のおかみさんが言葉を足した。

「この船の先に付いている毛は何ですか？」と、私は船へと一歩踏み出した。その瞬間、私が船に乗るとでも思ったのか、船大工さんの体がピクッと反射的に動いた。「馬の毛でできとるよ」と優しい声で答えてくれたが、船大工さんをこれ以上心配させてはいけない。少し離れたところから、私は船の写真を撮ることにした。

船大工の倉庫

5　民ちゃんと典子さん

「今日は結構な雨が降ってるから、今から田ノ浦に行くのは難しいんじゃないかと思うのよね」

みさき旅館に戻り、私は山秋さんに考えていることを素直に提案してみた。

「祝島が凄いのは、空気と人がキレイなところじゃないかな。今日は雨だから、島の風景を写真や動画に残したとしても、その美しさが映り込まないんじゃないかと思う。だからさ、山秋さんが『祝島ならこの人』って思う人たちに話を聞かせてもらいに行けたらいいなと思うんだけれど」

山秋さんは小首を傾げて少し考え込み、「そしたら、民ちゃんと典子さんには話を聞かないとね。頼んでみよう」と言ってくれた。

白い傘を差した山秋さんの後ろをついていくと、橋本典子さんの離れに着いた。そこで、民ちゃんが出迎えてくれた。

前述したように、民ちゃんは漁師だ。私たちが民ちゃんに話を聞きたいとお願いしたときは、昼寝の熟睡に入る直前だった。にもかかわらず、民ちゃんは私の取材を快諾し、山秋さんと二人並んでビデオカメラの前に座ってくれた。

「こちらは、祝島で私が大変お世話になっている、祝島の心のひじき師匠、枇杷《びわ》師匠の竹林民子さんです。枇杷の季節には、摘果《てきか》[21]や実の取り方とか箱に詰めたりする作業も、民ちゃんとか、もう亡くなってしまったんですが、民ちゃんのお姉さんとか、お友達とかに教わってます。そして、

(21)　よい果実を得たり、枝を保護するために、余分な果実をつみ取ること。

ひじきの季節にはひじき仕事の見習いをさせてもらってます」

山秋さんの紹介を受けた民ちゃんは、照れたようにニコニコと笑った。

「いつもお世話になっています。山秋さんは、ひじきなんか刈るような人じゃない、賢い人じゃけえね。私が好きで頼んでる人じゃけえね。書くのが仕事ですから。わたしら力仕事でひじき刈ったり、枇杷取ったりね、サザエを捕りに行くんです」

山秋さんは、島自慢の民ちゃん、とでも言いそうな表情で、「漁師さんですから」と言った。その言葉を受けて、民ちゃんが嬉しそうに笑っていた。

「一応、漁師。ひじきを炊くのもね、海があるからいいんですよ。祝島、自然がいっぱいあるから。私ら力仕事でひじき取ったり、泳いで潜って、アワビ、サザエを捕って遊んでます。自分の好きなように。もう七四じゃけえね」

民ちゃんの話を聞いた離れの部屋には、演歌歌手やカラオケのテープがたくさん置かれていた。

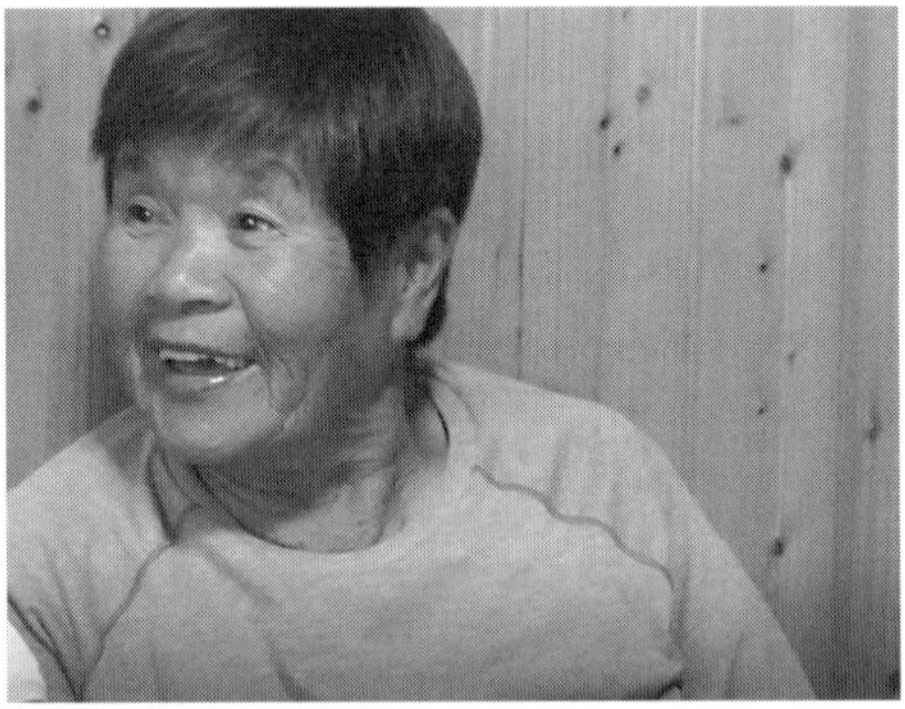

民ちゃん

テレビにはマイクもつながっていた。島の人が集まると、この部屋はカラオケ大会の会場になるという。

「民ちゃんは歌と踊りが上手なの。神舞《かんまい》（八三ページ参照）のときは漁船に乗って、お化粧した民ちゃんがとってもキレイに舞うの。手の動きが本当に凄いの」と話す山秋さんの言葉に照れながら、「男に生まれてきちょったらよかった」と民ちゃんが言った。

話を続けていると、橋本典子さんがやって来た。前述したように、典子さんにも取材をさせてくれるように山秋さんが頼んでいたからだ。テーブルに、缶チューハイ、ペットボトルのお茶、そしてカルピスを並べて振る舞ってくれた。

「写真をねぇ撮ってくれるなら、ビデオカメラ回しておいて、あとでキレイに写っとるところを切り取ってよねぇ」と、典子さんが笑顔で言った。しばらく山秋さんと典子さんと談笑したあと、「寝るけ」と言って民ちゃんは家に戻っていった。

ここからは、山秋さんと典子さんとの話をビデオ撮影することにした。

「こちらが、祝島の橋本典子さんです。お母さんというほどには歳は離れていないんですけれど、頼れる姉御です」

山秋さんの紹介を受けた典子さんが、「いっやー、こっちのほうが頼っちょるけえ、頼れる娘です」と答えた。典子さんの言葉を受けた山秋さんが嬉しそうに、「じゃ、頼りあって、ね。うまくいってますね」と言うと、二人は顔を見合わせて「ねー」と言った。

「まぁ、祝島はハートの形をした島で有名な島よね。あとは、漁師町で、今は漁師も少なくなって水揚げも少なくなって、ちょっと困ってますけど。でも、みんな頑張って、八〇過ぎの老人も頑張って沖に出てますね。そういう離島かな」

典子さんは、祝島の美容師である。「神舞《かんまい》のときは櫂伝馬船の船首と船尾で舞う若人衆に化粧をする」ようで、映画『祝の島』にも出演している。

「昨日の中電さんと原発のことについて教えてください」と私が言うと、典子さんは厳しい表情で次のように言った。

「な〜んかねぇ、いつまでたっても、祝島を分裂させようとする意図で来てるっていう感じ、すごくしますよね。来んとってくれって、理解を求めるために来るっていうんじゃけど、理解はもうスイシン側で求めてるから、ハンタイ側には理解求めようったって無理なことだから。なんかもう、いじめに

山秋真さん（左）と橋本典子さん

来てるみたいになってますよね」

　祝島の原発反対運動のシンポジストとして何度も登壇しているという典子さんは、スラスラと語る。語彙も訴求力も豊かなスピーチは圧巻のひと言だ。

「来るなって言っても、お願いしても、来ると。そういう状態で、向こうは話し合いみたいな感じで来るけど、こっちはもうほとんど話し合いではない。もう確実に拒否をしている状態なんだけど、どうしても毎月来たがる。そういう状態ですね。困ってます。助けてください。どんどん祝島は、スイシン派とハンタイ派で仲良くできない状態です。祝島は原発さえなければみんな仲がいいんで、それをバラバラにしたのが中電だから。ほんと、恨みます。そういう感じ、よく知ってると思うけど」

　話の続きを振るように、典子さんは手を山秋さんに向けた。山秋さんが、「ストーカーみたいですよね。島にとってみればね」と、典子さんの話に深く頷いて話しはじめた。

「個人と個人のストーカーは法律で罰せられるようになったのに……まだ不十分なところはいっぱいあるんでしょうけれども……。どうして、島に来ることに対する拒否を祝島は明確にしているのに、それでも中電がやって来るという振る舞いは、法的に問題にならないんでしょうかね」

　確かにそのとおりだ。明らかに、祝島に対するストーカー行為である。このような視点で考えるとは……まさに「目から鱗」であった。

「そろそろ時間も経ったけ、戻ったほうがええちゃうの。今日の船で帰るんじゃろ。準備をせにゃならんじゃろ。まだ話するじゃったら、うちへ来たらよかろう」

と典子さんが言う。「したらよかろう」は、祝島の人たちの言葉で「したらいいんじゃない？」という意味である。山秋さんは、「女の人が『よかろう』と言う響きが優しくて好きだ」と言っていた。

典子さんの提案どおり、まだまだ話し続けたいと思った私を山秋さんは、典子さんの家へと連れていってくれた。冷蔵庫からビールを出してきてくれたので、船が出るまでのもう少しの時間を山秋さんと二人で過ごすことにした。しばらくすると、典子さんが大きなお皿と醤油のボトルを持ってきてくれた。

「ビール足りちょる？　これ、持ってきたけ。嫌いじゃなかろう？」

「わぁ、ありがとうございます」とお皿を受け取る山秋さんに典子さんは、昨日の中電さんとの話し合いにもいた「島の若いのが、ええかっこ見せようちゅうて、持ってきたんじゃろ」と言った。刺身の盛り合わせだった。今さっき、釣ってきたばかりのものだという。所望、切望していたものが、今、私の目の前にどんと並んだ。

あ～ッ、瀬戸内海最大の海の幸、鯛とサザエだぁぁッ！　若いブリのヤズも！

島に来たけど、今回は縁がなくて、口に入ることはないと諦めていた瀬戸内海の鯛が、今、ここにある！　桜色の美しいサカナたちが、「ほら食べていいんですよ」とささやいているかのように身を横たえていた。なんと、なんと、素晴らしい眺めだろう！　かぐわしい香りが鼻をくすぐってくる！

「いただきます」と言うやいなや、私は典子さんが下ろしてくれた鯛を口に入れた。む、硬くない？　もっとブイン、ブインと、歯が弾き返されるほどの身の強さや弾力を想像していた。しかし、祝島の鯛はほんのりと優しく、柔らかい。甘く、舌が溶けたのではと思ってしまうほど、脂が上品に、濃厚に、じんわりとろけてくる。極上の至福。息を吐くことすらもったいない。もっと、もっと、味わいたい！

「このあたりでは、鯛は昔からの手法で一本釣りする人が多いの。鯛もストレスがかからずに釣り上げられるから、身が硬くならないって聞いたの」

　山秋さんは桜色の鯛を口に運び、「んんん〜っ」と唸ってこう言った。

「これが食べ物、って感じでしょ？」

　まさしくそうだ、と私は思った。山秋さんはサザエを口に運び、さらににっこりと笑った。

鯛の刺身

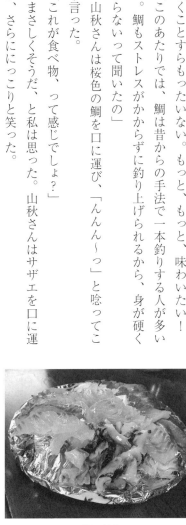

6 祝島のもだえ神

一七時が近づいた。室津港行きの定期船は一七時五分の出発である。

「また逢いましょう」

「はい、必ずまた来ます。そのときも、どうぞよろしく」

こんなやり取りを交わし、私は船内に入った。港では、山秋さん、典子さん、「みさき旅館」のおかみさんが見送ってくれた。

「船が出てすぐ、祝島の真っ正面に田ノ浦があるから。船の中から田ノ浦を見ていって」と、山秋さんとおかみさんが声を揃えて言った。二人から三回以上も同じことを繰り返してもらえれば、普通、忘れることなくできるものだ。そう、それが普通の人ならば……。しかし、それができないのが私である。船が出発してひと息つき、席の窓から船の外を見ると、今、まさに通りすぎようとする島の渚が見えた。あれ？　と思った瞬間、石牟礼道子さんの大好きな一節が頭をよぎった。

「渚というのは、海の生命と陸上の生命とが行き交うところでしょう？[22]」

渚？　あ！　気づいて立ち上がり、振り返って見る私の肩越しに田ノ浦が見えた。あっ、あれだ！　あそこが田ノ浦だ！　田ノ浦なんだ！　デジカメを取り出したくて、焦って鞄をまさぐった。デジカメのシャッターを何度も押す。押してはみるが、船も私も大きく揺れている。「湖のような海面(23)」でも、雨天時には海は時化《しけ》る。ファインダー越しに見えるグレーの海も縦に揺れている。手が震えている。船が加速していくたびに私の心も揺れる。涙が流れてくる。私の心が、何かに突き動かされていく。

田ノ浦、ここは生物多様性のホットスポット

瀬戸内海は国立公園の指定を受けているにもかかわらず、開発や海砂採取にさらされ、自然の海岸は、たった2割しかありません。

その中で、山口県南東部にある、瀬戸内海沿岸の町上関町《かみのせきちょう》は、開発をまぬがれ、今も海岸の7割が自然のままです。同町長島の田ノ浦は、海の水と森からの水とが混ざりあって、豊穣ないのちを育む海となっています。瀬戸内の他の場所ではもう見られなくなった珍しい生きものが、ここでは数多く棲息しています(24)。

---

(22)　石牟礼道子・志村ふくみ（二〇一八）『遺言　対談と往復書簡』筑摩書房、七八ページ。

(23)　山秋真（二〇一二）前掲書、六四ページ。

(24)　上関原発どうするの？～瀬戸内の自然を守るために～（二〇一九）「瀬戸内の原風景　上関の海を未来へ」より。

デジカメのファインダー越しに見える田ノ浦は遠い。この目に直接、田ノ浦を焼きつけよう。船が進む。祝島がどんどん離れていく。港のそばの小屋に掛けられた看板の「原発絶対反対」の文字が瞼にくっきりと浮かんでくる。

　埋め立ての目的は、中国電力による原子力発電所の建設です。この建設計画は約30年以上前に浮上しました。

　計画では14万平方メートル（東京ドーム三個分）も埋め立てることになっています。これほど広い海面が埋め立てられれば、「奇跡の海」とも呼ばれる田ノ浦の生態系は致命的なダメージを受けます[25]。

「山が、海を養っている」
「だから、それが、一方的じゃないんです。海が山を養っていたりして」

「原発絶対反対」と掲げられた小屋

「必ず、呼吸し合っている。陸と海は[26]」

頭の中で、石牟礼道子さんの言葉が警鐘のように強く鳴り響く。祝島の現在・過去・未来を思うと、なぜか涙が出てくる。船の窓が、海水の滴と雨粒で霞んでいく。船は港へとぐんぐん進んでいく。胸が痛む。これがきっと、石牟礼さんの言う「もだえ加勢[27]」だ。

「声を上げなければ、なかったことにされてしまう。言わなければ、ないことになっていく。私の記録が、それが『あった』のだと言える証拠になってくれれば」と言い切った山秋真さんの強い眼差しに、祝島の「もだえ神」が宿っている。言葉が声になり、届きますように。

山秋さんの本を読むと、一九八二年一一月一六日に愛郷一心会が初めて行った海上デモの翌日に町長へ提出された申し入れの言葉がある。山秋さんが書いたように、それは「いまも、そのまま通用する言葉」である[28]！

(25)　前掲パンフレット。
(26)　石牟礼道子・志村ふくみ（二〇一八）前掲書、七八ページ。
(27)　「熊本弁で『加勢（かせ）する』とは『弱い方に加勢する（助ける）の意。弱い人たちのことを思い、悶えて、加勢するということ』」である。やぎみね（二〇一九）「悶え加勢（かせ）する人・石牟礼道子（旅は道草・119）、ウィメンズアクションネットワーク（WAN）ホームページ https://wan.or.jp/article/show/8695、二〇一九一月一四日情報取得。
(28)　山秋真（二〇一二）前掲書、二一一～二一二ページ。

千弐百年の誇り高き伝統に歴史と文化を秘めた祝島とその住民が今日まで平和にそして豊かに生きてこられたことは、この美しい大自然があったからに外《ほか》ならないのです。その生命とも言うべきかけがえのない自然がいま、中電の原発誘致問題により根底よりくつがえされようとしています。

世界で唯一の被爆国である日本人［ママ］は、核の恐怖を肌で体験し、実感としてそれを知っております。貴殿もその一人だと思います。確かに原発は平和産業の一環かも知れませんが、反面、原爆製造に直結していることも否定できない事実です。

そのような難問題がまつわる原発には、重大な関心を持たざるを得ません。我々は現在と未来に向けて平和に安全に生きていく権利を、すべての日本国民と平等にもっております。（中略）原発の安全性が確認されていない現在、いかなる理由があっても、住民の生活を脅かし生命までも蝕《むしば》む危険と可能性を多分に持っている原発建設に、我々祝島住民はいま、強い憤りさえ覚えます。原発建設はもちろん立地調査［ママ］も断固反対いたします。(29)

さらに続く山秋さんの言葉に、私は思わずうなってしまった。

――祝島の集落の真正面に、長島の突端にあたる田ノ浦がある。周辺の海山を、人びとは「奇跡の海」「究極の楽園」「生物多様性の宝庫」など、さまざまに呼ぶ(30)。

纐纈《はなぶさ》あやさん（七九ページ参照）は、祝島の人たちが原発反対を貫くことができた要因について、祝島が離島であったということを示している。

国策として原発を推進する巨大な波が押し寄せるなかで、祝島の人びとがそれに否と言い続けてきたことは並大抵のことではない。費やしてきた労力と犠牲は、第三者の想像など遥かに及ばない。（中略）

島では、土地も、自然や資源、住んでいる人も限定されている。島全体がひとつの運命共同体である。それらをいかに活かし、バランスを取り、永続的に循環させていくことができるか。人間が海や山にしたことは、確実に自分たちに返ってくる。自分と他のものが常に関係しあっていることを実感できる世界がある。

そして、祝島の人たちには、古代より御上の庇護など端《はな》からあてにしないという、自主自

(29)　前掲書、二一一～二一二ページ。
(30)　前掲書、六四ページ。

立、反骨精神の礎がある。彼らは口々に言う。

「お金は最低限あればいい。きれいな海と山さえあればわしら生きていける。他に何が必要か」(31)


祝島の住民による原発建設への「反対運動は反対するために反対するのではなく、何かを残したい、原発による経済発展よりも、こっちに本当の豊かさがあること」(32)を主張するものなのだ。「奇跡の海」に原発はいらない。そんな強い思いがあっても、豊かな自然、命の海を奪ってでも、祝島、田ノ浦に、私たちは本当に原発を立てようというのか？

☆★☆★☆

そうだ、早稲田に行こう。日付は二〇一九年一〇月二〇日になっていた。「チームゼロネット」(33)が「いのちをつなぐ海をつなぐ2019」という集会を「早稲田奉仕園」で開催するという。ホールの席に着くと、遅れてきた山秋さんが目の前の席に座った。休み時間に、山秋さんの肩を叩いて話しかけた。

「会わない間に、忘れられていたらどうしようかと思った」

「忘れるわけないよー！」

コラム

山秋真さんが〈週刊金曜日〉に書いた記事

中国電力（以下、中電）は2019年12月16日、山口県上関《かみのせき》町に計画中の上関原発の建設予定地での海域ボーイング調査を一時中断すると発表した。11月８日から準備の予定だったが作業が進まず、海底を掘削《くっさく》する準備の潜水作業や台船《だいせん》を曳《ひ》いてきて設置する作業を冬の荒海で安全に行なうのは難しいこと、仮に台船を設置できても掘進完了と台船撤去に20年３月頃まで要し、そこまでの資機材や人員の手配ができないことを理由に挙げた。再開時期は未定という。

この間に中電が社員や作業員を予定海上に派遣したのは13回。その倍の26日間は派遣を見送った。「説明では予定地にある断層の延長上で１カ所、60メートルを掘って調査するとのことだった。１日に掘れるのは約２メートルというから完了には１カ月。シケの日がなくても20年１月30日までの予定期間内で完了するには19年12月末までには着手したいはず」と上関町祝島《いわいしま》の漁師らは中電の動向を注視。中断発表４日前の同12日にも、中電からの同10日付回答に対して「上関原発を建てさせない祝島島民の会」（以下、島民の会）が質問を送付したところだった。

なぜなら10日付回答は「00年の漁業補償契約の締結により今回の調査を含む各種調査の実施および調査による漁業操業上の諸迷惑についても漁業補償金を支払った」「それは地区の漁獲高全般を元に算出した包括的な補償であり、漁業補償の問題は既に解決済み」等の趣旨だったからだ。同解答に対し島民の会は反論するとともに、今回調査において漁業補償額算定の主要要素である「平年の純収益」を00年時点でどのように算定したかを問い、中電の言う包括的な漁業補償方式が違法ではないことの説明等を求めたのだ。

その矢先の「一時中断」発表を受け、島民の会は同18日に同会のブログを更新。「中電がボーリング調査と上関原発計画を断念して撤回するまで予断を許さない」との認識を示した。

出典：2020年１月10日発行の〈週刊金曜日〉（第1263号)、「漁業補償金受け取り拒む『島民の会』の質問直後　中国電力、上関原発調査中断」より許可を得て転載。

私の声の高さにこたえるように笑いかけた山秋さんは、とても痩せていた。集会が終わった途端、会場にいた人がどっと山秋さんに話しかけてきた。

「またね」と山秋さんに言うと、「またね。生きて会いましょうね」と笑顔でこたえてくれた。

その後、二〇二〇年一月一一日にfacebookを開くと、山秋さんが載せた記事が掲載されていた。

「本日発売の週刊金曜日（1／10号）に、祝島沖・上関原発をめぐるその後の状況について、短信を書きました。突如の一時中断、決定の直前に何があったのか？　ぜひご一読ください」

山秋さんの言葉で祝島の今を知るために、私はすぐさま本屋へと急いだ。

---

(31)　纐纈あや（二〇一一）「いのちのつながりに連なる」池澤直樹・坂本龍一ほか『脱原発社会を創る30人の提言』コモンズ、二七〇〜二七一ページ。
(32)　石牟礼道子他（二〇一八）『追悼　石牟礼道子　毒死列島　身悶えしつつ』株式会社金曜日、八六ページ
(33)　原発立地地域や新規立地を抱える地元の人との交流を重ね、報道には載らない、日頃多くは語られない現地の様子を広く伝える有志のグループ。

第2部

看護師による死の語り

プロムナード――病院ラヂオ、私から

コンビニのシーチキンマヨネーズのおにぎりを口いっぱいに頬ばり、急いで飲み込んでいる。腕には、受付でつけられた緑のトリアージ。母に所望した南高梅のおにぎりをさらにひと口頬ばり、次のひと口で念願の梅干しが食べられるというところで名前が呼ばれた。

YouTubeに流れる「二の腕が細くなるという運動」をしていて、今までに経験したことのない頭痛を感じた。バットで殴られたような、と表現されるようだが、大学のクラスメートと行った海水浴でのゲームで、新聞紙でつくられた棒で頭を殴られたときのほうがショックも痛みも大きかった。

今回は痛みがとれないので、治療院に行って事情を話し、鍼をしてもらった。一週間で痛みは治まった。「首の捻挫ですから」と言われ、正しい筋トレの仕方をそこで教わった。

その後、友人と喫茶店「コメダ」でアイスコーヒーを飲みながら話しはじめた途端、大量の汗が額から噴き出し、頭痛が直撃して涙が出てきた。帰宅後、自分で布団を敷き、ごろりと横にな

ったらそのまま動けなくなった。

そんなことを次の日に行った病院の受付で話すと、すぐさま脳神経外科への受診手続きが取られた。脳神経外科だなんて、何て大げさなと思いながら、CTが撮られた。

「んー、大方いいんですけど、ここに白い影がありますね。くも膜下出血が疑われます。紹介状とこの画像を持って、日赤病院の救急外来に行ってください。車で行きますか?」

ここまで新車の「FIATパンダ」で来たので、車で行くしかない。日赤病院に到着して救急外来の受付にいた人に事情を話したあと母に電話をした。そこから一〇日間、人生初の入院生活がはじまることになった。

おお、デジャブ。父が最初に脳梗塞の発作を起こしたのは五三歳だった。救急治療室のブースに移るまでの通路を歩きながら、まあこれはDNAだね、私も脳血管が弱かったんだなと、しっかりした意識と足取りで考えていた。それにしても、父よりも五歳若い四八歳で発症かと気づいて、紺色の治療台に横になった。

すぐさま、心電図、血圧、心拍数、血中酸素を計測する端子やコードが身体に付けられ、機械で液量がコントロールされる点滴が腕に付けられた。マンガやドラマで見るような光景だった。

「CT、胸部レントゲン、MRIを撮りますよ」と説明され、検査室へと診察台ごと移動していく。仰向きで横にされているから、足先から頭のほうへと景色が流れていく。あーあ、これは入院だと諦めて、次々と運ばれていく検査室から病室までの道筋を遊園地のアトラクションのごとく楽しんでみることにした。

それにしても、医療スタッフはジャニーズ系であった。ＣＴは二宮君、胸部レントゲン技師は、TOKIOの元メンバーの山口君に長瀬君の髪型と髭がくっついていた。おっ、ＭＲＩは坂本龍一の音楽みたいだね。そういえば、ジャニー喜多川さんもくも膜下出血でいらっしゃった。私は大動脈破裂ではなく、くも膜下出血（可逆性脳血管攣縮症候群の疑い）だそうだ。メガネをかけたKAT-TUNの中丸雄一君に似た若いドクターに診断された。ナースは、石原さとみだな。今日は、いいものをたくさん見ることができた。

脳神経外科の病室に辿り着き、白いシーツの上に横になった。あまりの気持ちよさに、大きな溜息が自然と出た。自然のものといえば、初めて寝たまま、蓋の付いたちり取りのような便器で用を足した。勤めはじめたときに参加した「障がい者の介助講習」で見ていたから、ためらいもなく、安心してすぐに用を足すことができた。

機械音のなかで泥のように眠った。頭が痛かった。

そんな私の顔は、死の淵の暗い水面に、一瞬でも映り込んでいたのだろうか。

第１章　孤独死の看取り、その後

1　コロナの夜伽《よとぎ》

二〇二〇年四月一六日、新型コロナウイルスの感染者の急増に伴い、四月七日に発令されていた緊急事態宣言の対象が全国に拡大された。「この緊急事態を、五月六日までの残りの期間で終えるためには『最低で七割、極力八割』の接触制限を何としても実現しなければならない」[1]と、住民への不要不急の外出の自粛、集会・イベントの開催が制限された。スーパーマーケットの食品売り場などは開いているものの、学校、保育所、通所型の福祉施設や公共施設では、使用が制

（1）「特別事態宣言」全国拡大「特定警戒」13都道府県　新型コロナ　二〇二〇年四月一七日、NHKWEB、https://www3.nhk.or.jp/news/html/20200416/k10012391681000.html　情報取得日二〇二〇年四月一九日。

限されるか停止されることになった。

ニューヨークでは「公共の場で他人と一・八メートル以上離れなければ罰金」。イギリスでは「生活必需品を扱う店以外は閉鎖し、公の場に三人以上が集まることを禁止。従わなければ罰金」とされた。そして四月一七日、イタリア保健当局は、新型コロナウイルス感染症による死者が累計二万二七四五人であると発表した。感染者総数は計一七万二四三四人、「イタリアでの新型コロナ危機は三月終盤のピーク時から改善したものの、約六週間にわたる全土封鎖措置にもかかわらず、期待されていたほど状況は好転していない」[2]という。

「欧州で初めて新型コロナウイルスの感染者が確認された」のはイタリアだ。一月二九日に国内で新型コロナウイルスの症例が見つかり、「翌日にはジュゼッペ・コンテ首相が六ヶ月間の緊急事態宣言を発令」し、「世界に先んじて中国からのフライトの乗り入れを中止」した。しかし、三月初旬には病院が実質的な医療崩壊の状態に陥っていた。現場は逼迫し、「最前線にいる医師たちが、患者の〝津波〟に見舞われている」[3]と吐露された。

本書の原稿を書いている四月一九日の国外の感染者数は二一四万九七〇〇、死亡者数一四万五九二一、回復者数は五万九六〇六となっている[4]。そして、国内の感染者数は一万三六一、死亡者数一六一、回復者数一〇六九、である。いくら「数」といえども、この記事において「名」も「人」も付けられていないのはなぜなのだろうか。すべて人間を表すというのに……。

また、新型コロナウイルスに対応する病床数に対する入院患者数が「八割を超えているのは、東京都と大阪府、兵庫県、福岡県の緊急事態宣言が出されている地域のほか、山梨県と滋賀県、京都府、高知県、沖縄県でも八割を超え、各地で病床の確保が課題[5]」だという。

「日本集中治療医学会は、日本は人口一〇万人あたりの集中治療のベッド数がイタリアの半分以下で、このままでは集中治療体制の崩壊が非常に早く訪れる」ことを予想した。「対応できる医師や看護師なども十分ではないとされ、『医療崩壊』のおそれが現実味を帯びて」きたと、連日連夜、テレビのニュース番組やインターネットの記事で繰り返された。

（2）緊急事態宣言でどう変わる？ ロックダウンとは違う、二〇二〇年四月七日、朝日新聞 DIGITAL、https://www.asahi.com/articles/ASN467T2JN46UTFK02C.html、イタリア、新型コロナウイルス死者増加が小幅加速 全土封鎖の成果いまだ出ず、ニューズウィーク日本版 bhttps://www.newsweekjapan.jp/stories/world/2020/04/post-93174.php、ともに情報取得日二〇二〇年四月一九日。

（3）実録：かくしてイタリアは新型コロナウイルスに飲み込まれ、あっという間に〝医療崩壊〟に陥った、WIRED、https://wired.jp/2020/04/07/coronavirus-italy/、情報取得日二〇二〇年四月一九日。

（4）新型コロナウイルス感染症まとめ https://hazard.yahoo.co.jp/article/20200207、情報取得日二〇二〇年四月一九日。

（5）医療崩壊の危機迫る 新型コロナ対応のベッド数と入院患者数データ 二〇二〇年四月一四日、NHK特設サイト新型コロナウイルス https://www3.nhk.or.jp/news/special/coronavirus/medical/、情報取得日二〇二〇年四月一九日。

「第三次大戦はおそらく核戦争になるだろうと考えていたが、このウイルス拡大こそ第三次大戦だと認識している」[6]

これが、全国民に二枚ずつマスクを配るという安倍首相の言葉だった。この先どうなっていくのか、きっと誰にも分からなかったのだろう。

私が勤める大学は、ギリギリ卒業式を開催することができた。しかし、四月に開催される予定だった入学式や学生へのオリエンテーションはすべて中止となり、前期開講日も遅らせることにした。原則、教員もキャンパスへは立入禁止となった。自主的な自宅隔離中の毎日に、職場や学生からメールが引っ切りなしに届いた。その一つ一つに対応しながら、iPhoneでニュースをチェックした。「新型コロナウイルスと闘う看護師に敬意を」という見出しがあった。四月二日、日本看護倫理学会が「新型コロナウイルスと闘う医療従事者に敬意を」という声明が発表された記事であった。

桜花学園大学での卒業式の様子

日本の病床一〇〇当たりの臨床看護職員数は八六・五人。諸外国と比較すれば圧倒的に少ない人員で、「二四時間、三六五日ベッドサイドにいるのは看護職」だ。連日、看護師たちは、「（新型コロナウイルスとの闘いの）終わりが見えない中、自分自身が感染する可能性に不安で、心身ともに疲弊」していた。

新型コロナウイルスに感染してしまうかもしれないという「危険にさらされる状況で頑張っているにもかかわらず、報われない」どころか、看護師の「家族ともども理不尽な扱いを受け」るという医療関係者への差別・誹謗中傷が深刻化していた。医療関係者の子どもに対するいじめ・保育園への出入禁止、医療関係者のタクシー乗車拒否、訪問看護師に対して、「なぜ看護師が外を歩いている、お前のせいで感染が広がる」(7)といった暴言など、その事例には枚挙にいとまがなかった。

医療職への偏見や差別について、日本赤十字のウェブサイトに、新型コロナウイルスという「病気そのもの」、「不安と恐れ」、「嫌悪・偏見・差別」についてのマンガが掲載された。そこでは、以下のような平易な言葉で、病と偏見・差別の説明がされていた。

（６）「第三次対戦は核戦争ではなくウイルス拡大」首相、田原総一朗氏に、読売新聞オンライン https://www.yomiuri.co.jp/politics/20200415-OYT1T50203/、情報取得日二〇二〇年四月一九日。

（７）「経済協力開発機構（ＯＥＣＤ）によると、日本の病床一〇〇床当たりの臨床看護職員数（二〇一六年）は八六・五人、スウェーデン四六六・一人、アメリカ四一九・九人」（医療現場の人員・マスク深刻不足 感染リスク「家族にうつしてしまうのでは」〈産経新聞〉二〇二〇年四月一九日付、https://headlines.yahoo.co.jp/hl?a=20200419-00000528-san-hlth）　看護roo!ニュース、二〇二〇年四月一〇日、https://www.kango-roo.com/sn/a/view/7495、ともに情報取得日二〇二〇年四月一九日。

「不安や恐れは私たちの気づく力・聴く力・自分を支える力を弱めます」

「不安や恐れは人間の生きのびようとする本能を刺激します。そして、ウイルス感染にかかわる人や対象を日常生活から遠ざけたり、差別するなど、人と人との信頼関係や社会のつながりが壊されてしまいます」

「特定の対象を見える敵と見なして嫌悪の対象とする」

「嫌悪の対象を偏見・差別し遠ざけることでつかの間の安心感が得られる」

「特定の人・地域・職業などに対して『危険』『ばい菌』といったレッテルを貼る心理によって差別や偏見が起こります(8)」


悲痛なニュースを見るたびに心が痛んだが、さらに心がえぐられたのは、前著『孤独死の看取り』（新評論、二〇一五年）でお世話になったＮＰＯ法人「友愛会」の理事長である吐師《はし》秀典《ひでのり》さんの詩だった。

その詩は、「息と心の祈り」と題されていた。マスクで隔てられた自分が、患者さんや他者と向き合い続けるという日常が吐師さん自身の言葉で描かれていた。感染を予防する策として、人と人の間を二メートル空けるという「ソーシャル・ディスタンス」の距離の内側で看護する人として、また職業人としての看護師、法人の理事長としての覚悟がそのままに言葉にされているように思えた。今までよりも何かしら死が近くに感じられる、今こそだ。病者の床にのぞむ緊迫感と、生への望みや願いに胸が締め付けられた。

息と心の祈り

吐師　秀典

マスクをしている
そのため気になるか否かくらいの息苦しさを感じている
咳が気になる
自分の咳にも他人の咳にも不安と恐怖がある
緊張感に覆われている
他人に近づかぬようにどこか張りつめた気持ちでいる
長い時間を一人でいる

（８）新型コロナウイルスの三つの顔を知ろう～負のスパイラルを断ち切るために　二〇二〇年三月二六日、日本赤十字ウェブサイト　http://www.jrc.or.jp/activity/saigai/news/200326_006124.html、二〇二〇年四月一九日

話すことが減っていると気づき鬱々と空虚さを感じている
息と心はつながっている
深呼吸をしよう
安心できるところでいい
家の中でも周りに人がいないところでもいい
手を広げ
胸いっぱいに息を吸い込み
声を出しながら吐き出そう
そして心が少しだけゆるんだら
こんな今でも感じられる小さな幸せを見つけて
平穏や救いを願う祈りとともに
感謝の祈りをしよう
そう私は思う(9)

春の息吹

さて、「死者に夜通し付き添った人」は、古来より謹慎するといった風習が日本にはある。「死者の側に近親者が夜通し付き添う」お通夜は「夜伽《よとぎ》」とも呼ばれていた。通夜のあと、七日から一〇日程度の「忌みがかかるとして、外に出ることは許されず、喪家《もけ》で過ごすこととされて」いた。『民俗小辞典　死と葬送』という本によると、「福島県相馬郡飯館村など、病人の看護をヨトギという所(10)」もある。

「死をもたらした原因が何かわからなかった時代では、死者の周囲から感染が広がっていくという事実」に対し、一定期間は「忌み籠《いごも》り」という謹慎の風習があった。人付き合いが制限される社会的制裁を「村八分」と言うが、その「八分」とは、冠・婚・建築・病気・水害・旅行・出産・年忌の八種であり、残りの二種である火事と葬儀に関しては助け合うことになっていた。それがゆえに、「家族は臨終から通夜を通じて故人の側にいるため、感染症が原因であれば」、「自分たちで葬儀の準備等を行い家の外に出ることによって、感染が拡大することも考え」られた。そのため、「若い男性は墓穴を掘り、女性は台所でまかない仕事などを分担し」、「死穢《しえ》を遠ざけようとしていた(11)」とも言われている。

こうして見ると、臨終は家族内にあっても、地域共同体における生死は社会的なものであった

(9)　二〇二〇年四月一〇日付の吐師秀典さんのFacebookの記事。
(10)　小松清（二〇〇五）「ヨトギ」新谷尚紀他（二〇〇五）『民俗小辞典　死と葬送』吉川弘文館、六〇ページ。
(11)　「村八分」日本人が意外と知らない本当の意味、東洋経済ONLINE、https://www.msn.com/ja-jp/news/opinion/%EF%BD%A2、情報取得日二〇二〇年四月一九日。

ことが分かる。しかし、今や死ぬ場所（人によっては死ぬ時期まで）が選べる現在である。一九五一年には自宅死が八二・五パーセントだったが、二〇一六年度は診療所・病院死が七五・八パーセント、施設死九・二パーセントと、八・五割が自宅以外で死を迎えている。(12)

死の傍らに、今もなお看護師がいる。死者を夜伽《よとぎ》へとつなぐのは看護師である。「その人として生きてほしい」と願いながら看護する人たちは、現在、生と死の狭間にもっとも近い場所にいる。「コロナ危機」と呼ばれる現在よりもずっと前から、徹底した職業意識を備えた専門職者として、である。

息絶えるまで人に寄り添う看護師は、どのように死を看てきたのだろうか。看護師と死に逝く人は、その尊厳をいかに守ってきたのだろうか。どのように人の一生を慶び、この世からの卒業である人の死をどのように心に収め、寿《ことほ》いできたのだろうか。

2　看護師による死の語りのはじまり

二〇一八年の春、私はある大学院の看護学研究科で「看護社会学」を教えていた。受講生四名とともに、『孤独死の看取り』を教科書として読んでいた。受講生同士でその読後感と疑問を発表するなか、一人の受講生が発言した。それは、麗《うら》らかな五月半ばであった。

彼女は「りょうさん」と名乗った。看護師長を務めるりょうさんは、「社会学に興味があります」と言って、熱心に参加してくれていた。そして、りょうさんの発言がきっかけで、看護師による死の語りについての共同研究がはじまった。

「先生の本に描かれている死が、きれいすぎる気がします」

すると、「スズメさん」と名乗る受講生さんが発言した。

「死というものは、何というか……穢《きたな》いの？　かな？　孤独死は、『一人暮らしの老人が誰にも看取られずに、孤独に死んだ。そしてその死は誰にも知られずに放置され，死後相当な時間が経った後発見される』(13)ことですよね。この本の事例の方々は、そもそも生きている間には仲間がいて、『孤独死』ではないような気がします」

スズメさんの言葉を受けて、しばらく「孤独死」と「孤立死」についての意見交換となり、「死と看護師」が話題となった。りょうさんは次のように発言した。

「看護師はほかの職種より、死に出会うのが早いと言われています。看護師としてたくさんの死

---

(12)　浅川澄一（二〇一七）「日本人の『死ぬ場所』が変化、施設死が急増している理由」DIAMOND ONLINE、https://diamond.jp/articles/-/143614、情報取得日二〇二〇年四月一九日。

(13)　呉獨立（二〇一七）「新聞記事から見る『孤独死』言説―朝日新聞を中心に」『社会学論集』第二九号、一一三ページ。

に出会うたびに、さまざまな思いがありました。しかし、その気持ちを語る機会は少ない。若い看護師たちが同じような状況に出会っていても、感じた思いを聞いてあげることはできていなかった。また、看護師を続けて二〇年くらい経つと、死に対して思う気持ちが看護師になったばかりのときとは変化しています。働きながら、看護師たちは何を思っているのか。看護師は、どういった気持ちをいっぱい抱えているのだろうか。辛かった思いを話したいと思うことはないのか。看護師の思いは、誰が聞いてあげるのだろう、と考えるんです」

この言葉に、私は次のように答えた。

「『死がきれいすぎる』って、この本を読んでくれて感想を伝えてくれる看護師さんたちによく言われていたのね。私もそれに傷ついたりして。あと、『この本では誰も死んでないじゃない』とも言われた。でも、現実的に今のこの時代、死の臨床には医療職でなければなかなか立ち会えないじゃない。社会学研究者として死の臨床に参与するには、やはり限界があるんですよ」

すると、りょうさんが次のように言い放った。

「看護学研究者と社会学研究者との共同研究はできませんか？」

私は驚いて、「え？　どういうこと？」と答えた。

「私たちと嶋守先生とで、『看護師の死の語り』の共同研究をしましょう。私たちの看護師の死の語りから、その悲嘆反応からの克服を含む看護師としての成長、看護観および後進育成への意識がいかに醸成されるのかを考察したいです！」

このときの受講生たちはお互いにとても気が合うようで、りょうさんの提案に全員がすぐに同意した。明確なモチベーションや研究目的、そして何よりも意欲があれば話が早い。とても嬉しくて、その後の授業は何をどのようにしたらいいのかについて議論を行うなど、大いに盛り上がった。

研究には目標も必要である。どうしようかと話し合っているうちに、その大学院の研究紀要に研究報告として提出することになった。そして私は、看護師たちから直々に「死の臨床」に関する語りが聴けるという、またとない好機に胸が高鳴った。研究方法を受講生たちに伝えながら、看護師たちが話す「死の語り」にじっと耳を傾けることにした。

3　看護師長による「死の語り」

「看護師による死の語り」をデータとして聴くために、まずは大まかな語りのルールを決めることにした。一つは、自分にとっての「印象的な死について語る」こと。もう一つは、「その死への振り返り」も語ってもらうことにした。

そのための準備作業として、四人の受講生がそれぞれ語りの内容を自由にまとめて提出することを宿題にした。また、研究倫理に配慮し、依頼書、インタビューガイド、個人情報の保護について説明したうえで、語りの内容と研究成果を本書や論文で発表することへの同意書に署名したのち、提出することをお願いした。

次の授業では、りょうさんの「死の語り」が次のようにまとめられていた。りょうさんはそのレポートを見ながら、自身にとって印象的な死の語りをはじめた。看護師になり、その業務を続けてきたプロセスのなかで、死の語りができる素地が醸成されていったことがりょうさんの記述に見ることができる。レポートの冒頭には、「死の語り」をするにあたっての動機が示されていた。


看護師は、人の死に目に出会うのがほかの職種よりも早いと言われている。人が死んでいく過程にはさまざまな経過があり、それはどんなフィクションよりもドラマチックだと思う。そして、その瞬間に立ち会う看護師の心情は、まだまだ世の中には出ていない部分も多いのではないかと感じる。もっと看護師の語りが世の中に出てきたら、「死」に対する日本の教育の形が変化し、その人らしい「死」を若い世代から考えられるようになるかもしれない。

孔子の言葉で、「四十にして惑わず」という言葉がある。自分自身が四〇歳を過ぎてきたからそう感じるようになったのかもしれないが、今だからこそ分かることがある。だからこそ語れるのかもしれない。

四〇歳を過ぎた「今だからこそ」分かり、死を「語れる」素地ができていく。そして、「もっと看護師の語りが世の中に出るようになったら、『死』に対する日本の教育の形が変化し、その人らしい『死』を若い世代から考えられるようになるかもしれない」とりょうさんは期待している。看護師としての経験の蓄積によって、死の語りがどのように形成されていくのかを見ていきたい。

りょうさんは、看護師として就職すると、「まだ緩和ケア病棟がない時代で、消化器内科と神経内科の混合病棟で、年間二〇〇名くらいが亡くなっていく病棟」の配属になった。「緩和ケア」について、りょうさんは次のように説明していた。

緩和ケアでは、「緩和ケア」という言葉の定義が変わってきている。以前は、病気の治癒が有効でなくなり、どのように死ぬ間際を過ごすかという意味合いが強かったが、現在は、生命に関わる疾病に直面している患者と家族の痛みやその他の身体的、心理的、社会的、スピリチュアルな問題を予防、評価、対応することでQOLを向上させることだと考えられている。まだ世間には浸透していないかもしれないが、看護の分野では緩和ケアの考え方が変化していることを感じるときがある。

今回は、そういった「緩和ケアとは」という形にあてはめるものではなく、自分の経験が、看護師としての価値観だけでなく、人生観さえも考えさせられ、影響してきたのではないかと感じる体験談を書きたいと思う。

りょうさんが緩和ケアについて語った言葉に、「命に関わる疾病に直面している患者と家族の痛み」に対応するというものがあった。看護師による死の語りを授業で行うきっかけが、私の著書の『孤独死の看取り』を読んだことも影響しているのだろう。「家族」という言葉が繰り返し出てくる。

この後に見ていくりょうさんの「印象的な死の語り」の特徴として、「患者の家族の様子」が必ず示されていることがある。病棟への配属が決まる前の看護学生時代に経験した「印象的な死の語り」から見ていくことにしよう。

看護学生時代、初めて他人の遺体を目にした。親類の葬式などには出席したことはあるが、どこか他人事で死が身近には感じられず、死という事象は興味でしかなかった。

あるとき、解剖の見学をする機会があった。当時の実習病院は築年数も長く古い病院で、渡り廊下の途中に解剖室があるような薄気味悪い病院だった。そこで人が解剖されるところを見学し、腹部から内臓が一つ一つ取り出されて重さを測り、臓器を観察していく作業を見た。自分で思うほど衝撃を受けたりはしなかった。それは人の死というより、授業の一環だと感じた。
病院に勤務後、病棟勤務となった。まだ緩和ケア病棟はなく、消化器内科と神経内科の混合病棟で年間二〇〇名くらいが亡くなっていく病棟だった。私はそこで月に八回程度、深夜勤務をしていた。夜にはいろんなことが起こる。満月だったり、友引だったり、潮の満ち引きだったり、昔の人が言い伝えたことはまんざら嘘でもない。本当に丑三《うしみ》つ時《どき》にお迎えが来るという印象が強かった。

肝臓がんの末期で長期にわたって入院していたAさん（五〇代女性）は、昼間はいつも大勢の友人に囲まれて過ごしていた。家族はあまり来院しなかったが、友人が多くて楽しそうだと思っていた。しかし、夜になると、巡視中に「少し話して」、「少しベッドに一緒に横になって」、「イチゴ、一緒に食べよう」といった訴えが多かった。

ほかの看護師に聞くとあまりそうは言われないと言っていたので、夜勤が多いからなのか？　私にだけ気を許しているのかしら？　若いから声をかけやすいのかしら？　と複雑な思いだったが、患者と信頼関係を築けていると勝手に喜んでいた。

Aさんは私のことを「にゃーちゃん」と呼んだ。話すときによく笑うからとAさんは言っていた。夜な夜なAさんとたわいもない話をした。

徐々に状態が悪くなり、いつも周囲を囲んでいた友人たちはあまり姿を見せなくなった。ほかの看護師から、「実は、あの友人のように見えていた人たちは、Aさんがお金を払って来てもらっている人たちだった」という事情を聞いた。なんだか寂しい気持ちになった。

いよいよAさんが最期を迎えるときは、お腹が腹水で膨れ上がり、呼吸も苦しそうだった。その周りには誰もいない。しかし、悲しんでいる看護師がいた。私もその一人だった。亡くなる瞬間、家族は来ていたが、誰も泣いていなかった。死亡時刻を伝える形式的な儀式だった。寂しい最期だと感じた。

患者さんが亡くなったとき、家族がずっと付き添っている患者さんの場合、先輩たちは看護記録に「家族に見守られて昇天される」と記載していた。Aさんにも、「家族に見守られて」と書いてあげたかった。

もうすぐ銀婚式を迎えるという、あるご夫婦の奥さんが入院された。ご主人は献身的に看病されて、「ずっと一緒に生きてきた。銀婚式を一緒に迎えたい」と言っていた。しかし、奥さんは銀婚式を迎えることができないまま亡くなった。夫からそんなふうに言われるような結婚がしたいと、その夫婦の最後のお別れに立ち会って思ったことがある。

生涯独身で胃がんになって入院したBさん（女性）は、とてもナースコールが多かった。ほかに家族がいないので、誰もお見舞いに来なかった。元気なときはバリバリのキャリアウーマンで、学校の先生をしていたと聞いた。

とても細かいことでナースコールが頻繁に鳴った。今思えば、「不安の表出」とアセスメントできるかもしれないが、当時は頻回のナースコールへの対応に追われることが億劫と感じることもあった。先輩看護師たちが、「だから独身は嫌だ」と噂していた。そんな噂を聞いて、（やはり結婚しなければ）という思いに駆られた。このBさんの最期も寂しかった。無縁仏に入ると聞いて、さらに寂しくなった。

お寺の境内で倒れていて運ばれた四〇代の男性Cさんは、すでに末期の肝臓がんで、全身黄疸で腹水がパンパンだった。家族とは絶縁状態とのことだった。まだ若くて働き盛りの年齢なのに、ほぼ寝たきりの状態だった。

死ぬ間際に、兄妹がいることを話してくれた。元気なころに迷惑をかけたから、これ以上迷惑はかけられないと言っていた。

ある日、Cさんの家族と連絡がついて、病院に面会に来ることが分かった。その日の私はCさんの担当で、午後にお姉さんがやって来た。Cさんは涙を流していた。お姉さんも泣いていた。

「家族に会えてよかったね」と声をかけると、Cさんは声を上げて泣いていた。その数日後、Cさんは亡くなった。

亡くなっていくときの患者さんの「周りに誰もいない」。「悲しんでいる看護師」の隣で、「亡くなる瞬間、家族は来ていたが、誰も泣いていなかった」様子をりょうさんは見ていた。「死亡時刻を伝える形式的な儀式」としての臨終の場を、彼女は「寂しい最期だと感じた」と示している。「家族に見守られて昇天される」と看護記録に書きたかったという彼女の心情が、レポートから想像できる。

また、「家族とは絶縁状態」だった患者さんに、「家族に会えてよかったね」ともりょうさんは声をかけている。ここで、りょうさんは、患者さんとその家族とのやり取りを見て、自分の家族と「連絡を頻繁には取っていなかった」、「そんなには実家に帰っていなかった」と、自らの家族に思いを馳せている。

どんな事情があっても、家族は大切な存在。看護師になり、就職してから寮に入っていたので、家族との連絡を頻繁には取っていなかった。携帯もまだ普及していない時代だった。家族を大切にしないといけないとおぼろげには感じていたが、実際のところ、そんなには実家に帰っていなかった。

看護師としての経験が蓄積されてくると、看護師は臨床的な状況把握に習熟していく。それは、

看護理論の世界的権威であり、カリフォルニア大学サンフランシスコ校の名誉教授であるパトリシア・ベナー（Patricia Benner）が、「看護実践における臨床知の開発、経験的学習とエキスパートネス」の議論において示しているものである。[14] りょうさんは、看護師としての実践から「感覚的に」、家族のあり方を考えるようになっていく。

何人も亡くなる人を看取っていると、家族のあり方を考えさせられる。最後の時間を家族で献身的に看病し、家族自身が患者の最期を覚悟してくると、安らかに逝かせてあげてほしいという気持ちに変化していく。それは、今考えると危機理論に照らし合わせたりして理論的に考えられる事象だが、当時は感覚的に感じていた。

患者が長期間入院していてもあまり関与せず、悪くなったときだけかかわる家族は、患者の意志などは関係なくできるかぎりのことをしてほしいと訴える。患者と家族の方針の違いに看護師はさまざまな葛藤を抱く。

自分の死期を悟り、そのときが来たら安らかに逝かせてほしいと常に話されていたDさんは、

---

(14)　パトリシア・ベナー（二〇〇六）「看護実践における臨床知の開発、経験的学習とエキスパートネス」『日本赤十字看護大学紀要』第二〇号、六六ページ。

六〇代くらいの女性だった。何の疾患だったかは忘れてしまったが、その最期は鮮明に記憶として残っている。

Ｄさんがいよいよ危篤状態となり、意識も朦朧としてきて心臓が止まりかけているとき、ほぼ見かけたことのない息子さんが来て、「やれることはすべてやってくれ」と懇願した。医師は心臓マッサージをした。昔、効果があるとされていた強心剤を直接長い針で心臓に注射する方法があったのだが、その指示も出た。

一瞬意識が戻ったＤさんが、目をギョロっと見開いて「もうやめて」と声のない口の形だけで訴えた。その口を近くで見ていた私は複雑な心境だった。このときのＤさんの顔を忘れることができない。心臓マッサージをしている医師は気づいていたのだろうか？　たぶん見えていたと思う。

結局、そのままＤさんは亡くなった。最期の言葉は「もうやめて」。それを家族には伝えられなかった。その死に方でよかったのか……。あんなに安らかに逝きたいと言われていたのに。

自分の両親は最期はどうしてほしいのだろうか？　話し合っておかなければ、後悔しないかかわりをしなければと感じていた。

スキルス胃がんで入院していた五〇代の男性Ｅさんは、四人家族で娘が二人いた。成人式に娘が晴れ着姿を見せに来ていた。Eさんは、家族に囲まれてうれしそうだった。Eさんの病気は進行が早く、見る見るうちに悪くなり、一、二か月の間に亡くなってしまった。

三〇代、四〇代と働き盛りの若い世代が亡くなることも多かった。まだ幼い子どもが見舞いに来たり、ご両親が先立つわが子の死を悲しんだりしていた。家族の思いは傍にいる看護師に犇々《ひしひし》と伝わってくる。そのころの私は、複雑な気持ちや悲しい気持ちになり、家族のあり方をその都度考えさせられることもあった。しかし、自分が病気になることや両親が亡くなることはまだ先のことで、現実味を帯びることがなかった。もし死についての教育を受けていたり、二〇代で自分や家族の死に直面していたら、感覚は変わっていたのかもしれない。

「患者が長期間入院していても、あまり関与せず、悪くなったときだけかかわる家族は、患者の意志などは関係なく、できるかぎりのことをしてほしいと訴える」。「患者の意志」と「家族の方針の違い」に、りょうさんはさまざまな葛藤を抱き、「複雑な気持ちや悲しい気持ちになり、家族のあり方をその都度考えさせられ」ていた。

「自分の両親は、最期はどうしてほしいのだろうか？　話し合っておかなければ、後悔しないかかわりをしなければと感じていた」と語るりょうさんだが、責任のある立場に就くようになり、患者の死を「仕事としての死」と捉えるようになっていく。

病院で患者が亡くなると死後の処置をさせていただく。私が働いていた病棟は二人夜勤で、約五〇名位の患者を二チームに分けて二人で担当していた。誰かが亡くなったら、その患者さんの処置は一人で行うことが多かった。最初は遺体と二人きりになるのが怖かったが、そのうちに慣れて、一人でまだ温かい体を横に向けて片手で体を押さえながら背中を拭かせていただいたりした。

死に化粧も徐々に上達した。消化器疾患の患者の最期は黄疸や腹水、吐血したり、胆汁を吐いたりして亡くなることが多く、体が汚染されているために処置が大変だった。

髪をセミロングにしていた五〇代の女性患者が胆汁を吐いて亡くなったときは、髪の毛に胆汁がべったりと付いていた。髪の毛一本一本を丁寧にふいた。その患者さんは、「ミッフィーのぬいぐるみをあなたにあげるわ」と言ってプレゼントしてくれた。ぬいぐるみをもらったときの会話を思い出しながら処置をした。みんな、どんなことを考えて死後の処置をしているのだろうか。業務的じゃなく、何かその患者を想って最後の看護ができているのだろうか？

最期のお見送りは、霊安室にお連れして線香をあげる。合掌するとき、患者さんを想って目を閉じた。でも、毎回思い入れが強い患者さんばかりではない。形式的なお参りになっていることもあったと思う。そんなときは、お見送り後に霊安室を片づけてストレッチャーを持って病棟へ帰るとき急に怖くなり、背筋がぞっとする感覚になった。亡くなった患者さんに、私が気持ちを込めていないことを気づかれているのかしら？　それをどこかで見ているのではないかしら？　という不安に襲われた。一緒に来た医師に、「先生、待っていてください」と必死でお願いした。

その後、病棟から手術室に異動したりょうさんだったが、「印象的な死」の語りの内容が変化する。自分人による患者の死への内省から、死に直面した新人看護師の動揺にいかに対処すべきかをりょうさんは考えるようになっていく。

数年して、人の死ばかりでなく元気になっていく姿が見たいと思い、転勤と同時に急性期の看護を希望した。そして、手術室の勤務となった。手術室に来る患者は老若男女さまざまで、病気だけではなく事故や美容のためだったりと、いろいろな目的で手術を受ける患者さんがいる。手術室で出会う死は、終末期の患者さんとは違う。急に死に直面するという患者さんが圧倒的に多い。

中学生の男の子が通学途中に自転車で事故に遭い、腹腔内出血で緊急手術となった。お腹を開けると手がつけられない状態だった。病棟にまで連れていけないかもしれない。家族を手術室に連れてくることになった。お母さんが、手術室で男の子の名前を呼んで泣き叫んでいた。

弟が「おにいちゃん、おにいちゃーん」と泣いていた。その声が手術室中に響きわたった。その声と姿に、周囲のスタッフはみんな涙をこらえるのに必死だった。

手術室のスタッフは病棟を経験している者が少なく、人の死に立ち会うことに不慣れな場合が多い。担当していたスタッフは手が震えて記録が書けずにいた。そのとき何を思っていたのだろう。声をかけてあげればよかった。

あるとき、妊娠三六週の妊婦さんが運ばれてきた。双子を妊娠していた。胎児心拍が聞こえないために緊急の帝王切開となった。赤ちゃんは、すでにお腹の中で二人とも亡くなっていた。通常だと赤ちゃんは、助産師が処置をしながら保育器に入れて病棟に連れて帰る。でも、そのときは亡くなった赤ちゃんがただの台に置かれていた。

私が指導していた若いスタッフが、「赤ちゃんをタオルに包んであげていいですか？」と泣きながら言った。そのスタッフにとっては、初めて直面する患者さんの死だった。患者さんといっても元気に産まれてくるはずだった双子の赤ちゃんで、しかも母親はまだその状況を受け入れられずに呆然としている状態だった。

急性期は多重課題に対応する力が必要となる。亡くなった赤ちゃんへの対応、母親の腹部を閉創する手術進行を止めないこと、意識のある母親の精神面の対応など、限られた人数で同時にいくつものことをしていく必要がある。まだ若くして患者さんの死に直面したとき、やはり私も衝撃を受けた。そんな自分の心情を汲んで、声をかける配慮まで先輩スタッフになかったかもしれないし、声をかけられたのかもしれないが記憶には残っていない。このとき、泣きながら赤ちゃんの対応への指示を仰いだスタッフに、私は気の利いた言葉をかけることができなかった。

ほかの病院に移動してからも手術室の勤務となった。新しい病院に来てからも、この妊婦さんのときと同じ事例が何度もあった。(15)腹部大動脈破裂で術中死となった七〇代の男性を一緒に担当していた若いスタッフは、器械出しを担当していた。私は男性の死亡宣告を手術室で行うか、病棟に帰ってから行うのか、家族との調整や病棟スタッフへの対応に追われた。手術室という密室で亡くなるというのは、家族は分かっていても受け入れられないことが多く、問題が発生することもある。

患者が手術室を退室後、若いスタッフが「初めての体験でどうしていいのか分からなかった。人が亡くなることに初めて遭遇しました。手が震えて器械がわたせなくなりました」と話してきた。このときは、「そうだったんだね」と傾聴して共感するしかできなかった。今思うと、一人の看護師が死に直面する瞬間を大切に、リフレクションだったり、思いをもっと吐き出さ

---

(15)　手術に必要な器械のセッティングをし、手術中の医師に手術器械を手わたす業務のこと。

せたりといったかかわりができたらよかったのかもしれない。

管理職となり、救急外来での業務や当直師長として病院にいる看護師の看護管理を監督する立場となり、さらにさまざまな人の死に直面する看護師の複雑な思いを知る機会が増えた。

救急外来は社会の縮図だと思う。孤独死とは、本当に誰にも見送られずに死ぬことだ。家族も、支援者もいない。汚い毛布に包まれて、足にウジが湧いた状態で運ばれてくる人もいる。命が助かったとしても、それを喜ぶ人は誰もいない。

心肺停止になった九九歳の女性でも、心臓マッサージをしなければいけないのだろうか？本当に助けるべき人は誰なのか？　首つり自殺をして、死の間際で助けられた患者さんを必死で看護するわけだが、命が助かると「何で助けたんだ！」と叱責される。それは、助けた人が責められることなのだろうか？　といった問いが常に看護師たちにある。急な死に直面する看護師たちには高い倫理観が求められると言われているが、看護師に対する適切なフォローも必要だと感じる。

救急外来の看護師と話すと複雑な気持ちになる。看護師として言ってはいけないことも時には聞いてしまう。看護師なのに人の死を望んだり、命の重さを天秤にかけたり、助ける価値のない人だと勝手に思ってしまったり……。しかし、看護師たちは、そう思ってしまう罪悪感で自分を責めていた。

人は生きているだけで尊い存在だという考えもある。小学校や中学校で、人は一〇〇パーセント死ぬという事実を早くから受け入れ、どのように生きて、どのように死ぬかを常に考えていかねばならないと教育に取り入れることはできないものだろうか。それか、看護師個人のメンタルへの介入だったり、経験の語りができるシステムを取り入れていくというのはどうだろうか。もちろん、現在でもさまざまな取り組みがあるとは思っている。しかし、すべての現場にまでは行き届いていないのが現実だと思う。

りょうさんは看護師の死の受容について、管理職者として次のようにも発言している。

「看護師として、死の看取りや同業者による心理的なケアが受けられる体制が必要だと思います。受け止められない人や思いがあふれ、自分自身のメンタルに支障を来す人が実際に存在していきます。自分自身で浄化できる防御規制が強靱な人も多いが、その逆の人も多いのです。一つの事象をどのように受け止めているか、個人の受け止め方、物事・ストレスへの対処の仕方を確認することが大切だと思います」

「看護実践においてナースがいかにして技術と知恵を獲得していくか、どのような臨床判断を行っているかを研究し、初心者（Novice）から達人（Expert）へと発展していくベナー・モデル」を開発したパトリシア・ベナーについては、りょうさんの「感覚的な」気づきについて見たときにも述べた。ベナーは、「すぐれた臨床判断ができるようにナースを育成する際の焦点」として、「経験から学ぶように、自己の実践内容を反省するように教えること」(16)だとしている。

ベナーは、「経験」を「期待どおりに進展しない事態に直面した場合を指します。何かに驚《おどろ》いたり、何かがうまく行かなかったり、自分の状況理解が間違っていたことがわかったとき」としている。そして、「実践のなかで体験したことが、将来予防できるものであれば、その学習内容をほかのナースと分かち合い、こうした学習事項が時間とともに蓄積されていくようにすること」が重要だと述べている。

りょうさんは、管理職者、現場での教育者として、看護師が死を受容していく臨床経験による「知」をいかに伝達していくかについて切実に考えていたのだろう。臨床的な実践家である看護師にとって、状況への「想像力」と、その時々に発生する「出来事」にいかに働きかけられるかという「現場力」の養成は、喫緊の重要課題である。

4　看護師と家族の「死の語り」

りょうさんのここまでの話を聞いて、脳卒中センターに勤務し、看護師になって二一年目という「モモさん」が泣いていた。そうか、ベテランの看護師も泣いてしまうのだ。看護師も涙を流す人なんだと、実感した。

のちに提出されたレポートの紙面では、「印象的な患者さんの死」と大きく段落が変えられて、りょうさんの話が続けられていた。りょうさんのお父さんの話だった。話しはじめると、りょうさんは涙を流し出した。「理性と感情が揺さぶられる出来事」と、りょうさんは言った。看護師長としてではない、「りょうさん」という人の表情であった。

実は、私の父は自殺して亡くなった。数年前のことでまだ家族の傷は癒えきれていない部分もある。とても急なことだった。その日の朝、妹から電話がかかってきた。

「おねえちゃん、お父さんが死んでしまう！　救急車で病院に運ばれた。すぐ来て」

電話を切ったときは衝撃を受けたが、意外と冷静だった。すぐに病院に向かう準備をしたが、再び妹が電話で、「おねえちゃん、お父さんの心臓マッサージを止めるか判断してって。全員の家族が来るまでずっとはできない。ほかの患者で助けを必要としている人もいるからって。どうしよう？」と言ってきた。その言葉を聞いてやけに冷静になった。「いいよ、やめてもら

(16)　パトリシア・ベナー（二〇〇一）「特別企画　エキスパートナース・フォーラム二〇〇一　来日講師インタビュー」『Expert Nurse』第一七巻第一〇号、六四ページ。

ってね」と答えた。いつも私が患者の家族に言っている言葉だ。それを家族の立場で聞いた。仕方がないだろう……と、救急外来の様子を想像した。

救急外来で父の遺体を見た。数日前に、顔にできているイボを取ってあげた。その傷跡がそのまま残っていた。そのとき、看護師が「○○さん、娘さん来てくれたよ。よかったね」と父に向かって言った。その言葉がなんだか胸に突き刺さった。そこで初めて父が死んでしまったことを実感し、涙があふれた。

その看護師は、父を自殺した身勝手な人だと思っていたかもしれないし、ほかの業務で忙しいことがあったのかもしれないが、家族との対面の瞬間を大切な時間にしてくれたことに感謝の気持ちでいっぱいになった。思いはいろいろでも、患者や家族に対してプロとして接し、患者家族の大切なときを一瞬で特別な瞬間にすることができる看護師は、やはりいい仕事だと思った。

私は、父の葬式の間ずっと泣いていた。父を尊敬していたし、父の存在に思っている以上に影響を受けていたから、もっともっといろいろなことを話したかったし、語り合いたかった。

ずっと泣いている私の姿を、当時小学二年生だった息子はじっと見ていたのだろう。いよいよ火葬するというときに、「ママ、おじいちゃんはね、僕やママの心の中にいるんだよ。だからそんなに泣かないで」と、ギュッと力強く私の手を握って言った。また、その言葉にはっとさせられて、救われた気持ちになった。まだ小さいと思っていた息子、きちんと理解していたんだ。祖父の死を彼なりに受け止めていたのか、私のことを気遣って言ってくれたことなのか分からないが、その言葉には説得力があった。

まだまだ書き切れない思いはあるが、死に出会う経験、自分の部下が死に出会う経験、自分の大切な人の死に出会う経験から自らの人生観や価値観・看護観も変化してきた。人に生まれてきた以上、死ぬことは避けられない。死について現実に起きていることをもっと知り、経験した人のみならず、みんながそのときを大切にできる教育が実現できるといいと思う。その基礎教育を受けた人が看護師となり、死に携わる職業としてさらに専門的な教育を積極的に取り入れていけば、どんな死に方にも寄り添い、大切にできる看護師育成につながるのではないかと思っている。

看護師としてのりょうさんによる「印象的な死」の語りにおいて、「家族」についての語りがとくに多かったのは、患者家族の死の経験における痛みを、自身のそれと重ねて想起していたからであろう。

「死の教育」の必要性が、昨今、議論されるようになってきている。たとえば、ある研究においては、死を身近な問題として考えられるように、「生と死の意識を探求し、自覚をもって自己と他者の死に備えて心構えを習得すること」が死の準備教育として必要であり、それは「よりよく生きるための教育である」[17]としている。

死を経験した人のみならず、みんながそのときを大切にできる「死の教育」を、りょうさんもまた望んでいるのだ。

5　死の生きざま

看護師だからといって、家族の非業《ひごう》の死ばかりを経験しているということではない。病院の手術室の看護師として勤務していたスズメさんのお祖父さんは畳の上で亡くなっており、「絶対にこれ以上に幸せな死はない」と断言した。そんな話の一部を紹介したい。

りょうさんの死についての語りを聞きながら、自分の体験について考えてみた。私は、専門学校を卒業してすぐ総合病院に就職した。就職以前に人の死に立ち会った経験は二回。祖父と実習先の病院で亡くなった患者さんであった。

祖父は、体が徐々に動かなくなり、八二歳のときに老衰で亡くなった。亡くなる数か月前から、妻や娘たちが交代で看護し、直前には孫たちが集合し、みんなに看取られて、褥瘡《じょくそう》もなくきれいに痩せた体で亡くなった。今から考えると、とても幸せな死であったと思う。

当時、私は小学校の高学年であったが、人が死ぬっていうのはどういうことなのか、息をしているのとしていないだけの違いとしか最初は感じていなかったが、次第に冷たくなる体を感じながら、死というものを自分なりに受け止めたと思う。その後、死後の処理が葬儀社によって行われたが、そのとき、人は死んだら口や鼻に白い蜘蛛の巣が張るのだと言われてショックを受けたことを覚えている。

次に人が亡くなったのを見たのは実習先の病院であった。なぜか、死後の処理を遠くから見ていたのだが、その際に看護師が大きな笑い声を上げながら死後の処理を行っていたのを見て、病院で亡くなるということ、看護師が笑っているということに大きなショックを受けた。

それからもさまざまな死に出会ってきた。多くは、突然の事故や病気によるものだ。本当に人の体の形を保っていない遺体や、形相が苦痛に満ちた遺体に出会うたびに死というもののあっけなさ、難しさ、人という肉体の脆さを感じてしまう。人に囲まれて畳の上で死ぬことの難しさを知り、自分の死生観とのギャップをどのように埋め合わせてきたかを考えると、同期や先輩の存在が大きいのではないかと考える。

(17)　眞鍋智子他（二〇一七）「看護学生と社会人の死生観の比較」『了徳寺大学研究紀要』第一一号、九四ページ。

同じ患者さんに接し、看護を行ってどのように感じたのか、またどうしていったらよかったのか。当時は、今のようにデスカンファレンスのようなものはなく、ただ雑談をしていただけだったが、それが自分の経験を二倍にも三倍にもし、死に向かい合えるようになってきたのではないかと考えている。

―・―・―・―・―・―・―・

りょうさんやモモさん、スズメさんにしてもほぼ四〇歳、アラフォーである。私の妹と同年齢の人たちが、看護師長や手術室などで重責を担っているということに驚いたが、受講生たちの「死の語り」に出てくる「妹」だったり、妹が「おねえちゃん」と呼ぶ声を聞くと、私自身が揺さぶられていることに気がついた。私のアキレス腱は、どうやら妹らしい。

誕生と死が、看護師ではない人の死の立ち直りを支えてくれたという話を、「Tai ちゃん」と名乗った受講生さんが語ってくれた。Tai ちゃんは助産師だった。彼女の話に、私は非常に心がかき乱されていた。

―・―・―・―・―・―・―・

りょうさんの話を聞いて感じたことは、人の死にはさまざまな形があるということである。よく生き様がその人の死に反映されると言われるが、私はそれを信じないことにしている。発表を聞いたときに、妹や親戚のことがフラッシュバックしてきたが、助産師という視点で聞くと意外にも冷静になれた。また、死に関するキーワードが出てきた。誕生死、グリーフケア、エンゼルケア、ペリネイタル・ロスなどである(18)。

帝王切開で双子の赤ちゃんがお腹の中で亡くなっていたという話を聞いたが、日常の臨床場面でも年に数回は同じような状況に立ち会う。まさしく、お腹の中で亡くなっている赤ちゃんを出産するお手伝いをする。誕生と同時に死を確認するため、「誕生死」と言われている。

誕生死に立ち会う瞬間は、自分のなかでどのように気持ちを昇華したらいいのかと常に戸惑っている。私の場合は、患者様の背中を摩り、一緒に泣くことで昇華している。しかし、果たしてそれでよいのだろうかと自問している。

(18)　誕生死は「流産、死産、新生児死を総称していう語」、「母体内で、あるいは出生後間もなく亡くなった子も、一度は誕生したのだ、という思いからつくられた言葉（コトバンク https://kotobank.jp/word/誕生死-686672）」。グリーフケアは、「喪失と立ち直りという二つの間で揺れ動いて不安定な状態となった人に対し、さりげなく寄り添ったり援助したりすること（One's Ending、https://ihinseiri-oneslife.com/ending/estatesale/14/）」。エンゼルケアは、「人生の最期にふさわしい姿に整えるため、外見の変化をカバーすること。生前から関わりの深かった方の精神的ケアを含む」（田中勝男他［二〇一六］「エンゼルケアに関する実態調査からの考察」『日農医誌』第六五巻第四号、八七九ページ）。ペリネイタル・ロスは「流産、死産・人口死産、新生児死亡、人口妊娠中絶などお産をとりまく赤ちゃんの喪失（聖路加国際大学ペリネイタル・ロス研究会 http://plaza.umin.ac.jp/jsplr/index.php）のこと。ともに、情報取得日：二〇二〇年四月二二日。

りょうさんの話を聞いた際、自分自身の不勉強さを実感し、二〇一八年の秋に開催されるペリネイタル・ロス研修プログラムに参加することを決めた。誕生死に携わる看護スタッフのための研修プログラムである。

今まで、誕生死と言われる死産に立ち会った際は、腫れ物に触るように患者様に接してきた。しかし、妹の死がきっかけで、腫れ物に触るようなかかわりはなくなってきたように思う。

妹は、二八歳で自殺した。自室で首を吊ったのである。父親が発見したが、もう死んでいたそうである。私は、もう一人の妹からメールでその知らせを受け取り、急いで実家へ向かった。着いたころには、エンゼルケア（死後の処置）が施されたあとだった。

死の二、三日前に、何度か未遂があったそうだ。私は、仕事と家事と育児で妹にかまってはいられなかった。むしろ、うざいとさえ思ってしまっていた。今も後悔している。

妹が亡くなったあと、自責の念と助産師として誇りに感じていた自分が恥ずかしかった。妹の話を十分に聞いてやれないで何が助産師だ、自分の家族もろくに相手してやれないで、という気持ちでいっぱいになり、出産をしていく女性と生まれてくる赤ちゃんが自分の母親と妹に重なった。

母親はこんなに痛い思いをして妹を産んだのに、なぜ自殺をしたのか。そうさせたほど辛いものは何だったのかという思いに駆られ、分娩介助をする直前に手や足が震えて仕方がなく、足がすくみ、介助をすることができなくなってしまった。

何か月前だったのか記憶がはっきりしていないが、先輩助産師に「分娩介助してみなさい」と言われたことがきっかけで、あるとき分娩介助ができた。それからは、自殺したことを後悔させてやるという気持ちで分娩介助につけるようになった。こんなに痛い思いをして産んだんだ、一人じゃないんだよということを妹に知ってもらいたい一心で、分娩介助をするようになった。そして、「誕生死」という死産で生まれてくる赤ちゃんやお母さんに対しても、腫れ物としてではなく、一人の尊い人であるということを常に感じながら接することができるようになった。

妹が、常にそばにいるということが大きいのかもしれない。初七日の日、偶然なのか妹が夢に出てきて、「じゃあね」と言って目が覚めた。あれは妹なりの優しさだったのかな、と今でも思っている。

妹の生き様は、とても真っ直ぐで曇りがなかった。いつも一生懸命だった。妹が家に帰ってきたとき、私には見せたことがないほどの笑顔で、母親は「おかえり」と出迎えていた。今では、それを思い出すと後悔で泣いてしまう。だから、生き様は反映されないと思う。

もっと生きていて欲しかった。誰もそう思う。その気持ちを、これからも助産看護ケアに生かしたい。それが、りょうさんの発表を聞いて思ったことである。

「民俗の中では、死の穢《けが》れを黒火・黒不浄、産の穢れを赤火・赤不浄、沖縄では産の穢れを白不《しら》浄」と言い、「産の忌みは死の忌みより重いとされる傾向」[19]があるという。沖縄では、「人は死んでもその社会的役割が消えるわけではなく、あの世から子孫たちを見守るという役割が課せられる」[20]とも言われている。

Taiちゃんの妹さんの話は、発表のときも、本とするために原稿を書いている今も、やはり感情移入してしまう。理屈ではなく、ただ胸が引き裂かれる思いがする。しかし、あちらの世界からやって来る生命をTaiちゃんが迎えるとき、妹さんはそれを支えるといった役割を担うことで何度もTaiちゃんのなかで生き直しているにちがいない。

妹がいつでもそばにいると分かれば、私も強くいられるような気がする。

6　一職一生としての看護

ベテラン看護師である受講生四人の話は、「学生のときの体験」、「思い出の深い患者さんの死」、「肉親の死」、受講生同士の「死の語りを聞いて思うこと」から構成されていた。「まずは自分の話が語れるように、形式は自由にまとめておいてね」という指示を出していたにもかかわらず、である。それが、看護師という職に一生を捧げる四人のベテラン看護師による語りの特徴であるかのようだ。

受講生四人のレポートは、「学生のときの体験」、「思い出の深い患者さんの死」、「肉親の死」のあとに、それぞれの死からの気づきや学び、自身の成長がまとめられていた。モモさんのレポートを例として挙げるなら、それらについては次のように描かれていた。

①学生のときの体験からの気づき・学び

看護とは目に見えることや、実際に成功したと思った出来事だけでなく、あのとき、数週間経ってやっと心を開いてくださった患者さん、不安な気持ちを一緒に共有できた、あの夕方のひと時がまさしく看護の本当の姿だったのではないかと思うのです。

もし、あの学生時代に戻れるなら、もう一度同じ患者様を担当してみたい。でも、それは叶わないことです。目に見えないことも看護の一部であることを、自分だけでなく学生や後輩にも教えていきたいと思います。

(19) 新谷尚紀他（二〇〇五）『民俗小辞典　死と葬送』吉川弘文館、一六四ページ。
(20) 新崎盛暉他（一九九七）『観光コースでない沖縄　第三版』高文研、三二四ページ。

②思い出の深い患者さんの死からの気づき・学び

担当患者への思い入れが強く、あんなケアをしよう、状態が悪くなったらこんなふうにしてあげようといろいろ考えていました。しかし、窒息によって急激に病状が悪化し、あっという間に亡くなってしまい、看護師である自分が全然受け止めきれなかった事例です。この患者さんの死からは、毎日何が起こるか分からない現場で、どんなことがあっても看護師としての責務をしっかり果たさなくてはいけないこと、今日のこの瞬間に自分ができる最大限のケアをすること、家族や同室者のケアを優先しなければならないことを学びました。

患者との距離感については、あまり近く感じすぎると、看護師として冷静な判断に欠けることがあると分かりました。とはいえ、患者さんとの距離感については、いまだに正解が導けていないというのが現状です。

③肉親の死からの気づき・学び

私の父は、母いわく、昔は不良っぽい感じの人だったそうで、高校時代の写真を見ると赤いマフラーをしていたり、石原裕次郎を思わせる大きなサングラスをかけていたりと、写真からそのやんちゃな性格が伝わってきました。まじめな性格の母がなぜこの人と結婚したのだろうと今でも謎が多いのですが、私が物心ついたころには、よく家族旅行に連れていってくれたり、共働きであったため、時にはご飯をつくってくれたりして……。とくに父がつくる牛丼は、母のつくるものよりも美味しかったことを今でも覚えています。

転職を繰り返し、アルコール中毒で恥ずかしい思いをし、時には恨んでいたこともあった父ですが、亡くなってみると、父がつくった牛丼が美味しかったこと、いろいろな所に連れていってもらったこと、話題が多く物知りだったことなど、いい思い出ばかりが蘇ります。

看護師として働いていると、多くの人に見守られながら亡くなる人、親戚に縁を切られ、誰にも看取られずに亡くなる人、突然に亡くなったため、家族が受容できない人など、たくさんの死の現場に遭遇します。自身も身近な父親の死を経験したから感じることもありますので、残された人たちの支えになれるように務めていきたいと思います。

四人の受講生だったベテラン看護師の「死の語り」を研究対象にするにあたり、受講生たちと同年代である一人の看護師が協力してくれることになった。その人は、「質的な調査の分析方法が知りたい」と言った。そこで私は、大学院に在籍する四人の受講生と、語りに協力してくれたその人を合わせて、「ベテラン看護師の死の語り」をＫＪ法[21]で分析をしてみることにした。

研究においては研究方法を明示することが手順となっているので、ここでざっと簡単に説明をしておきたい。

まず、ベテラン看護師によるレポート、実際の語りの逐語録をもとに、一次テクストから三次テクストまで作成した。一次テクストとは、それぞれの看護師の語りの内容を一名ずつの一覧表としたもの、二次テクストとは、一次テクストの内容のまとまり（基本的には一つの文章の読点ごと）によって分け、通し番号を付けたもの、そして三次テクストとは、二次テクストをカードに書き込んだものである。ここで得られた三次テクストは「六四八」となった。

分析にあたっては、三次テクストとしていたものを「コード」とし、六四八のコードをバラバラに並べて読み込み、互いに親近感を感じるコード同士で分類した。全体の三分の二程度がまとまったら、それぞれの回答の要点となるエッセンスをできるだけ柔らかい言葉で書き出してじっくりと眺め、再び「似ている」と感じられるものをまとめることを繰り返した。

そうした手順を踏まえた最終段階で、六四八あったコードは「仕事としての死」と「身内の死」という二つの大きなカテゴリーに分類することができた。その二つのカテゴリーを、それぞれ九つのサブカテゴリーに分類している。

五人のベテラン看護師たちにおける死の語りのコードを**表１‐１**にまとめてくれたのがモモさんだ。本当に仕事が速い。四人の受講生は表を読み返して、それぞれの感想を口にして文章化した。この文章は、共同執筆をした論文の考察となった。

表1－1　看護師による「仕事としての死」と「身内の死」の語り

カテゴリー	サブカテゴリー	コードの例	数	%
仕事としての死（69.9%）	死に出会う前の自分の状況	「就職以前に人の死に立ち会った経験は２回」	41	9.1
	患者の容態	「肺がんによる呼吸不全」「末期の肝臓がんで、全身黄疸」	61	13.5
	患者の家族の言動	「家族は他にいないので誰もお見舞いに来なかった」「無縁仏」	59	13.0
	患者の属性	「いつも楽しそうに会話しており」「仲良く接してくれて」	40	8.8
	患者が亡くなるまでの自分の言動	「医師からの指示にある薬を必死で投与し看護を行って」	70	15.5
	患者の死後の自分の振り返り	「もしかしたら、自分が異常を早期に発見できていたら」	112	24.7
	自分以外の医療スタッフの様子	「今のようにデスカンファのようなものはなくただ雑談」	38	8.4
	一般論	「現在の基礎教育では道徳で命の大切さについては学習」	23	5.0
	その他	「当時の実習病院は築年数も長く、古い病院」	9	2.0
身内の死（30.1%）	死に出会う前の自分の状況	「自分の経験として、ああ、おばあちゃんだめだなぁって」	11	5.6
	患者の容態	「体が徐々に動かなくなり82歳に老衰」「自殺して亡くなった」	24	12.3
	患者の家族の言動	「火葬するという時に『ママ、おじいちゃんはね、･･･』」	22	11.3
	患者の属性	「妹の生き様は、とてもまっすぐで曇りがなかった」	36	18.5
	患者が亡くなるまでの自分の言動	「患者や家族に対してプロとして接し･･･いい仕事だと思った」	25	12.8
	患者の死後の自分の振り返り	「思い出すと後悔で泣いてしまう」「人生の通過点」	62	31.8
	自分以外の医療スタッフの様子	「看護師さんがお医者さんを呼んで死亡確認した」	6	3.1
	一般論	「よく言われてるんですけれども、肉親の死は別だって」	3	1.5
	その他	「仏壇に祈ってます」	6	3.1

出典：嶋守さやか他（2019）「看護師による死の語り」『日本赤十字豊田看護大学紀要』第14巻第1号より抜粋

7 語りはつながり

四人の受講生がまとめてくれた考察の一部を、ここに示しておきたい。というのも、それぞれの看護師の「死の語り」から、一人ひとりの死、そして一人ひとりの看護師の成長を私が寿《ことほ》ぎたいと願うためである。

看護師の「死の語り」への看護師による考察

1 「仕事としての死」と「身内の死」における看護師としての言動

本研究において五名の看護師は「印象的な死」について、看護師として経験した「**仕事としての死**」と「**身内の死**」を語った。全体の語りにおいて、「**仕事としての死**」と「**身内の死**」の割合は約二・三対一であった。日々多くの死に直面する看護師であっても、身内の死は印象に残りやすいと考えられる。

このインタビューをきっかけに研究参加者である看護師たちが涙を流しながら語ることで、辛い気持ちを再び体験し、語りと感情の整理を行ったことで、思いの表出ができたと推測する。

自己の辛さなどの感情が表出できたことで看護師は自らの看護観を見直し、その振り返りが看護師としての成長につながるのではないかと考えられる。

2　「仕事としての死」についての振り返りが看護師の成長に与える影響

「仕事としての死」では、九つのサブカテゴリーが抽出された。そのなかで、「患者の死後の自分の振り返り」が全コード数のうち二四・七パーセントともっとも高い割合を占めていた。

本研究で看護師は、「患者の死後の自分の振り返り」から、どのように対応したらよかったのかと「処置への反省」をし、患者の死に直面し、さまざまなことに戸惑う「自分の感情」を抱える。さまざまな死に直面することは「死生観・看護観へ影響」を与え、自らの経験を伝える「後輩育成」を行っていた。看護師は、患者の死に出会うことで患者の取り巻く状況や容態、また患者の死に接した際の業務内容を記憶し、悲嘆や苦悩などの感情を抱える。しかし、そのようななかで、看護師としての成長だけでなく、死生観や看護観など職業人としてのアイデンティティを生育していたことが示唆されているのではないかと考える。

(21)　ブレーンストーミングなどによって得られた発想を整序し、問題解決に結びつけていくための方法。「KJ法」という呼び名は、考案した文化人類学者である川喜田二郎氏のアルファベットの頭文字から取られている。

3　「身内の死」についての振り返りと看護師としての成長

「**身内の死**」についての語りとして、「患者の死後の自分の振り返り」についてがもっともコード数が多かった。「**身内の死**」は看護者にとって身近な存在の喪失体験であることが、「身内の死は別だって言われていますよね」というコードに表されていると考えられる。

また、「妹がそばにいるということが大きいのかもしれない」、「三周忌くらいまで涙が出ました」、「大分尾をひきました」などの「**身内の死**」に対して感じられる悲しみの長さについての語りは、死の経験への適応局面であると考えられるが、研究参加者の語りにおいては、常にその悲しみが消えることがないと推察できる。さらに、「妹の死がきっかけで、腫れ物に触るようなかかわりはなくなってきた」、「人生の通過点」などには、「**身内の死**」の体験後における自らの変化が見られる。

そして、自分以外のスタッフの様子を見て感じた「思いはいろいろでも、患者や家族に対してプロとして接し、患者家族の大切な時を一瞬で特別な瞬間にすることができる看護師はやはりいい仕事だと思った」というコードには、「**身内の死**」の経験から、看護師が「患者や家族に対してプロとして接」する「仕事」であることの再認識がなされているとうかがえる。

このことから、「**身内の死**」についての振り返りが看護師としての成長や看護観の醸成につながるものであると考えられる。

４　今後の看護師への支援

看護師が体験する職業としての「死」や個人的に体験する身内の「死」は、看護師としての成長だけでなく看護観や死生観にも影響を与えるほか、人としての生き様にも影響を及ぼす体験となる。「死」という体験を肯定的に捉え、職業的アイデンティティとして醸成していくためには、看護師個人が体験した「死」のなかで感じる心身の変化について語ることができる場を意識的に提供し、支援していくことが必要である。

死を考えることで、生を考える死の準備教育を検討する必要性を述べている研究がある。(22) 基礎教育に成長発達段階に応じた教育方法を取り入れていけば「死」が身近なものになり、基礎的知識が習得できるのではないかと考える。死を体験する機会が多い看護師には、卒後教育のなかで専門的な教育を行うことで基礎知識と専門知識が融合し、経験知を増やすことで死生観をさらに醸成させ、深化させていくことにつながると考える。

(22)　岡本双美子他（二〇〇五）「看護師の死生観尺度作成と尺度に影響を及ぼす要因分析」『日本看護研究学会雑誌』第二八巻第四号。

おわりに

本研究は、（私という一人の：括弧内筆者）社会学者の視点の「孤独死」と看護学を学んだ看護師が考えている「孤独死」の受け止め方がまったく異なることからはじまった。看護師は、体験した印象的な死により、看護師としての看護観の変化や死生観の変化、人としての人生観の変化が起きていることを感じている。しかし、それについての客観的な自己の内省を行う機会は、看護師歴が長くなればなるほど少なくなるのではないかと考える。研究参加者である看護師の考えや思いだけでなく、社会学者が行った半構成的面接のなかで起こる相互作用により、視野が広がり、語りの意味づけや看護師の思考パターンを見いだすことができた。今後も、他分野の学問と協働して事象を考察することで看護師としての成長を促し、それぞれの学問の発展に寄与できるのではないかと考えている[23]。

ベテラン看護師である大学院生たちからの提案で、看護師の「死の語り」についての研究がはじまり、本書の次章へと続く研究につながった。研究をともに行うことは、やはり心に大事な思い出として残り、その後の語りは日々を重ねることでさらに深みを増してゆく。この原稿の校正をするにあたっても、大学院生たちにはお世話になりっぱなしでいる。原稿の下書きを読んだスズメさんからの返信には、次のように書かれていた。「おわりに」で示した一文に対するコメントだった。

客観的な自己の内省を行う機会は、看護師歴が長くなればなるほど少なくなるという一文については、少し異論があります。看護師歴が長くなっても、そこにはともに働く同僚がおり、看護について考える機会はあります。共に働く人たちや環境、新しい知見を受け入れることが、よい看護につながっているからです。
ただ、自分の素直な思いを良いも悪いも全て語ることは難しい状況にはあります……。ちょっとそこだけ気になりました。

授業のときは控えめだが、いつも鋭い分析をするスズメさんの顔を思い出した。スズメさんにコメントに対し、「私も同感です」と、原稿を読み返してくれたりょうさんからも連絡があった。りょうさんのコメントは、次のように続いていた。

(23)　嶋守さやか他（二〇一九）「看護師による死の語り」『日本赤十字豊田看護大学紀要』第一四巻第一号。文末など一部改変しているが、その文責は嶋守にある。

「おわりに」で示された先生の書き方だと、内省する機会が少なくなる＝内省しなくなるというように読み取れる気がします。看護師歴が長くなると、「看護師の臨床の知」が暗黙知となり、体の一部のようになる感覚です。それは非常に奥深く、「形式知」にするとその人の看護観や人生観、死生観なども見えてくるものです。(24) 看護師歴が長くなるからこそ、自己内省する機会を自らつくり出し、自分の人生観すべてを含めて語ることが必要であり、意義のあることだと思います。看護師歴が長くなると自分がメインで話すというより、後輩の語りを引き出す。その際に自分の看護観を少し話すことはありますが、腰を落ち着けて自分の語りをするという機会が少ない、というような意味でしょうか。

どちらにしても、経験を通して自分の看護を語るということが重要であることが伝わったらいいなと思います。

静かに思慮深く、小首をかしげて授業中によく語っていたりょうさんの様子が、コメントから目に浮かんだ。そういえば、二〇二〇年三月がはじまったばかりの日に、iPhone の着信音が響いたことがあった。それは、モモさんからの LINE メッセージだった。開くと、受講生たちが楽しそうに卒業を祝っている写真が掲載されていた。

「先生お久しぶりです。今、社会学で一緒だったメンバーの卒業祝いで飲んでます。先生の話になって、一緒に飲みたいということになりましたが、先生の体調はいかがでしょうか？」

一緒に飲みたいと互いに思い合うつながりが、私の授業を通じてできたことが本当に嬉しく、次の日の朝、私はこう返事をした。

「おはようございます。それは嬉しい！　ただし、四月九日まで、大学から外出禁止令が出ました。それ以降でお願いします」

すると、モモさんは「大学も大変なことになっているんですね。コロナが落ち着いたら、日にちを考えましょう」と返信してくれた。

本書の原稿を書いている二〇二〇年四月、「コロナが落ち着いたら」という言葉が時候の挨拶のように毎日繰り返されている。新型コロナウイルスが、人と直接会って語り合えるという機会をことごとく奪っている。

けれど、「また会おうね、会えるね」という約束は奪われないと信じて、私はいつもと変わらず、パソコンの前に座ってこうして文章を書いている。

---

(24)　看護師の臨床の知から「形式知への変換プロセスでは、人と人との直接的かつ継続的相互作用が重要ある」とされている。佐藤紀子（二〇〇七）『看護師の臨床の「知」　看護職生涯発達学の視点から』医学書院、一三五ページ。

第2章　ストレッチャーに乗って
――熟年看護師の死の語り

1　桜、桜、桜！

「今年の桜は、寂しそうだね」

二〇二〇年四月四日から一三日まで一緒にボランティアをしたイッシーが言った。

新型コロナウイルス流行により、各国で出国・入国制限がかけられた。入国者には感染の有無を調べるPCR検査が義務化された。物々しく、慌ただしい毎日のなか、満開の桜の木の下でイッシーが静かに怒っていた。

「留学から帰国したものの、家族に高齢者がいるために一四日間は自宅に帰れない子どもたちが研修宿泊施設に一四人いるんだ。泊まろうとしていたホテルから、『保健所からの指導なので』と宿泊を断られてきた子どももいる。研修宿泊施設がある敷地内の食堂も開店していないし、外出ができないしで、毎食、カップラーメンやレトルト食品を食べてるって。感染しているかどうかも分からない新型コロナが発症するかも、とかいう以前に、そんな食生活が続けば栄養が偏って体調を絶対に崩すよね、ビタミンとミネラルを摂取しないと。普通の食事が、免疫力を低下させない一番の薬だよ」

話を聞くと、その研修宿泊施設の管理者は共通の知人だった。

「敷地内に調理室があるから、そこを使っていいか聞いてみるよ」

調理室の使用許可を得て、その研修施設の各部署の責任者に相談をし、管轄の市からも研修宿泊施設の使用許可も得られたと聞けたところで子どもたちに、昼食とデザート、夕食にかかる費用を私とイッシーが折半して負担し、調理室で手づくりして提供することにした。

最初は三日間のつもりだった。しかし、「ほかに食事を提供する人がいなければ元の木阿弥だね」と、結局は一〇日分の食事を約二八〇食と、約一三〇食分の手づくりデザートを提供した。祝島名産の天草《てんぐさ》を煮てつくった寒天であんみつをつくり、イースターには卵のプリンもつくった。

青い空に美しく映える桜の花びらが風に揺れて舞うなか、そして夕焼けであたり一面がすべてピンク色に染まるなかを、鍋やトレーを抱えて階段を上っては下りた。春の雨のなかで届けた食事に、「いい匂い！　いただきます！」と、毎日上がる子どもたちの歓声を研修宿泊施設の窓越しに聞いた。

白い蛍光灯に煌々と照らされる夜桜をゆっくりと見上げて調理室に戻り、毎日、鍋や調理器具、お皿を洗って片づけた。この充実感に私の胸も、桜の蕾もどんどん膨らんでは咲き誇り、毎日が本当に美しかった。

とはいえ、現実的には結構な食費がかかる。食事をつくりはじめて二日目の夜のことだった。調理室を管理していた先生には、日頃から大変お世話になっていた。いつもとても優しくて、責任感の強いその先生は、毎日、調理準備室に待機してくれていた。さあ、夕食をつくろうと調理準備室にいる先生に挨拶をしに行くと、案の定、先生が調理室にいた。

「畑でとれたサツマイモをオーブンで焼いておいたから。おやつにしてね」と、笑顔で焼き芋をつくっていた。買ったのではなく、自分の畑でつくり、秋に収穫して大事に保管されていたという立派なサツマイモであった。

焼き上がり、甘い匂いにたまらずつまみ食いをすると、じっくりと素朴に甘かった。先生の心遣いに、凄いなーと、何だか感動してしまった。

桜

その夜につくった夕食の中華丼とキムチ卵スープとともに焼き芋をわたすと、子どもたちは大きな歓声を上げながらその先生の名前を叫び、とても喜んだ。私とイッシーだけでなく、別の大人が自分たちのことを気にかけてくれていたことが余程嬉しかったのだろう。

隔離された生活を強いられた毎日でも、明るく素直な子どもたちの笑顔を見ていたら、ふと『せいしんしょうがいしゃの皆サマの、ステキすぎる毎日』（新評論、二〇〇六年）を執筆する際に取材で訪れた「ひめゆり平和祈念資料館」の駐車場での風景が目に浮かんだ。

沖縄県糸満市の平和の礎《いしじ》を訪れたあと、私は「ひめゆり平和祈念資料館」の駐車場に行った。しかし、そこで突然、雨足が強く、しばらくは車から出られないくらいの通り雨に遭遇した。国籍に関係なく、軍人、民間人の区別なく石碑に刻まれたたくさんの戦没者名、戦争の痕跡を目の当たりにしたあとのせいか、私は衝撃で立ち上がれずにいた。

当時の私は、現在勤めている大学の専任教員になったばかりだった。だからなのだろうか、駐車場に打ち付ける雨粒が、目の前で泣き崩れるひめゆり学徒隊とその先生方が流す大粒の涙のように感じられてしまった。女学生たちを護らなければならないのに、どうしても守りきれないという無念さ――思いを馳せるだけで胸が張り裂けそうだった。

新型コロナが流行している二〇二〇年は、もちろん爆撃されることはない。たやすく食料も手に入れることができる。けれど、調理室の先生は、「今は誰も使ってないので、いいですよ」と言って調理室の使用を快諾するだけでなく、さり気なく、とても甘くて大きな美味しい焼き芋をくれた。きっと戦時中も、こうして子どもたちを育てて守り、子どもたちを愛していた大人がいたのだ。調理室の先生が、格好いい大人に思えた。自分の畑や農地で食材をつくれる人は強い。

とはいえ、やはり毎日の食費は高い。懐《ふところ》も痛みはじめた。先生のサツマイモは畑でとれたのよねと考えたとき、そうだ、畑といえば「みやこさん」だと思いついた。

ここ数年間、私は日本福祉協議機構で支援している発達障がいの子どもたちと、そのスタッフ、ご父兄、そして学生のボランティアを合わせた一五〇人を対象にして、運動会やもちつき大会を企画して季節ごとに開催している。また、日本福祉協議機構の障がい児デイサービスの「ジーニアスキッズ」の子どもたちには、ゼミ生が竹藪から切り出した太い竹を使っての「流しそうめん」や「水風船合戦大会」も開催している。

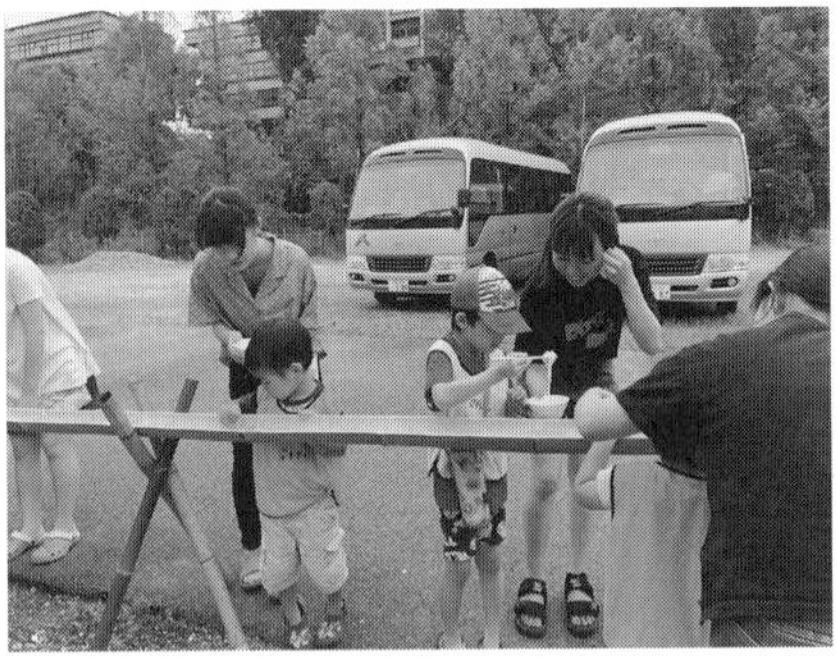
流しそうめん

こうした行事のたびに、看護師として参加してくれていたのが「みやこさん」(1)だった。そのみやこさんに私は、「畑の野菜をください」とLINEでメッセージを送った。

2 バナナの雨

「看護師の死の語りが、看護師の年代、性別、病院や施設によってどのように変わるのか、さらに研究してみましょうか。現役の看護師を引退された六〇代のみやこさんと、『孤独死の看取り』でも書かせていただいたNPO法人友愛会の理事長で、看護師と保健師をしていらっしゃる吐師さんの死の語りを聴いてみたいと思うんですよね、私。みなさんのお知り合いで、この研究にご協力いただける看護師さんはいませんか？」

「看護師による死の語り」を論文にするための準備を進めながら、大学院の授業を受講していた学生たちにこう呼びかけると、「二〇代後半から三〇代くらいの若手看護師にお願いできます」と、りょうさんが答えてくれた。それでは、研究を継続させてみましょうと、私は早速、みやこさんにインタビューをお願いするLINEを送った。

二〇二〇年六月二七日、みやこさんから返事があった。

---

(1)　日本福祉協議機構と共催で行ってきた大学生と障がい児との遊びの企画については、嶋守さやか（二〇一七）「地域子ども福祉研究への一考察——学生との協同的なアクティブ・ラーニングに向けて」『桜花学園大学保育学部研究紀要』第17号を参照。

「ご無沙汰しております。何時でもどうぞ。電話してください」

電話をすると、その週末の土曜日に、私の研究室で「看護師による死の語り」の研究に協力していただけることになった。

みやこさんとの出会いは、二〇一六年七月二九日から八月二日までカンボジアに渡航した「僕たちが世界の何かを変えてやる」というプロジェクトにおいてである。このプロジェクトは、略して「僕プロ」と呼ばれていた。

「僕プロ」を企画・運営したのは、日本福祉協議機構の子どもたちである。世間からは、いわゆる「障がい児童」と呼ばれている子どもたちだ。子どもたちをサポートしていたスタッフたちが、「不充分な教育環境、才能はあるのに夢を描ききれない環境に身を置く子ども達のパワーや感性を活かし、煌めくような熱い経験をさせたい！」という思いで、子どもたちと「僕プロ」を立ち上げた。

「僕プロ」への協力を呼びかけたチラシ

「僕プロ」の活動は、二〇一五年六月に開始された。障がいのある子どもたちが主体的に考え、動き、声を上げるプロジェクトを目指して活動していた。活動の目的は以下の四つである[2]。

・子どもたちがつくった教科書をクメール語に翻訳し、五〇〇部制作すること。

・法人内の子どもたちの代表七名が、スタッフとともにカンボジア・シェムリアップ州にその教科書を持って渡航すること。

・アンルンピー村で教育や雇用の支援活動を行っている「Kumae」が運営する日本語学校で、子どもたちが日本語の授業をすること。

・Small art school（小さな美術スクール）、スロラニュ小学校、州立シェムリアップ孤児院センターで教科書を配布すること。

子どもたちは、教科書制作費と自分たちの渡航費を捻出するために、二〇一五年一一月からクラウドファンディングをはじめた。最終的には、目標額を超える一五四万一〇〇〇円を達成している。

(2) 石田智子「日本の障がい児童達がカンボジアの子供に教科書を届けに行く!」『Ready for?』https://readyfor.jp/projects/bokupuro、情報取得日：二〇一六年八月一七日。

カンボジアの学校

スタッフが苦心したのは、子どもたちの保護者への説得だった。とても大事に育てられてきて、ほとんどが初めて海外に行くという子どもたちばかりである。保護者が心配するのも当然、スタッフは活動主旨を根気よく説明し、理解を得て、子どもたちとスタッフ、そして私はカンボジアに渡った（私は大学の個人研究費で行った）。予定された活動を無事終えて全員が元気に帰国し、「僕プロ」は大成功を収めた。

「僕プロ」活動報告会のチラシ

「僕プロ」へのかかわりは、障害者プロレス団体「ドッグレッグス」の永野・V・明選手からの紹介ではじまった。

「僕プロ」の子どもたちとスタッフが、名古屋駅前で募金活動をしていた。募金活動は一日だけだったが、私をとても慕ってくれていた二人の学生とともに参加した。「どこに行っても、可愛がられる子どもに育てる」という方針で育てられている日本福祉協議機構の子どもたちは、みんな屈託がなくて非常に人懐っこく、本当に可愛かった。

その後、障害者プロレス映画『DOGLEGS』[3]の公開時に行われた北島行徳代表と私との舞台挨拶の折には、たくさんのスタッフと子どもたちが来てくれて会場が満員になった。子どものいない私は、「僕プロ」の子どもたちと一緒に過ごすたびに離れ難くなり、スタッフからの熱心な誘いもあって、結局、カンボジアまで同行した。そのときの私は、子どもたちをただ猫可愛がりする祖母になったかのようだった。

どの瞬間も私にとっては何にも代え難い宝物となったが、日本福祉協議機構代表の濱野剱さんとスタッフ、そしてみやこさんとのつながりは私の財産とも言えるものになった。そのきっかけは、カンボジアにおける「Kumae」でのことである。子どもたちの前で、庭に二羽放たれていたニワトリをさばいて食べようという「いのちの授業」というプログラムでのことだった。

（3）　障害者プロレス『ドッグレッグス』については、doglegs.a.la9.jp/、嶋守さやか（二〇一五）『孤独死の看取り』ivページを参照。映画『DOGLEGS』（ヒースカズンズ監督、二〇一六年、配給：トリウッド、ポレポレ中野、doglegsmovie.com/ja/#Screenings）には私も出演しており、二〇一九年にDVDが発売されている。

みやこさん（左）と濱野さん

私には、今、三羽の小鳥がいる。五歳のときに飼っていたジュウシマツから今までずっと、何羽もの文鳥やインコたちを飼ってきて、小鳥と暮らさない日々を過ごしたことがない。だから、小鳥は友だちというよりも、すでに私の分身になってしまっている。私にとっては、自分が切り刻まれるよりも、鳥が目の前で締められれば発狂する事態となる。だから、「ごめんなさい。いのちの授業だけは席を外させてください。とても悲しくて見ていられないのです」と濱野さんに言うと、みやこさんがこう言った。

「私も、飼っていたニワトリをさばいて食べたっていう子どものときの記憶があって。それ以来、しばらくの間、鶏肉は食べられなかったんです、可哀想で。ですから、私も席を外させてください」

ブルータス、お前もか――そんな思いで見つめた私とみやこさんに濱野さんがこう言った。

「ボクもダメなんですよね」

結局、私たち三人は、揃ってニワトリに背を向けて、バナナの葉に打ちつける大粒の雨を見つめていた。とはいえ、調理された鶏料

カンボジアの雨に打たれて

鶏料理

理は三人とも美味しくいただいた。子どもたちはというと、雨のなか、腑抜けな三人の大人をよそに、ずっとしなやかに、強く、キラキラと輝いていた。

3 ストレッチャーに乗って

「看護師の死の語り」のインタビューをさせていただくという当日が、みやこさんを私の研究室にお招きする最初の日だった。インタビューの主旨を説明し、同意書にご署名いただいたあとに、早速話をうかがうことにした。みやこさんは自分のことを「わたくし」と言った。

さて、「百物語」(4)のように、患者一人ひとりの「死の語り」をここに示すには紙幅の制限がある。とはいえ、年代の違いが看護師の死の語りにどのように影響しているのかについて、本書では伝えたいと思っている。

第1章で語りを聞かせてくれた四人のベテラン看護師に、大学院の授業として行ったみやこさんの語りを説明した。そのとき、四人の看護師に、みやこさんの死の語りを聞いて分かったこと

---

(4) 私が小学校のころに流行した遊び。ロウソクを灯した暗い部屋で、自分が知っている死の話をし、語り終えると一本消すふりをする。百話全部を消し終わるとお化けが出るという遊びで、大人たちにきつく禁じられていた。

を発表してもらっている。本書を読んでくださっているみなさんに、「年代による看護師の語りの違い」を大まかに知ってもらうために、モモさんの発表内容を、みやこさんの死の語りの前に示しておきたいと思う。

みやこさんは六六歳なので、一〇代、二〇代の話は何十年も前の話なのに、患者さんの名前や年齢、家族構成まで覚えていることに驚きました。今の看護にはマニュアルが多いのですが、昔は医療ケアにもある程度の自由があり、その自由度のなかにある看護に、本当の人間性や温かさがあるように感じました。

カンボジアでのみやこさん

モモさんが発表した「ある程度の自由度にある看護と、本当の人間性と温かさ」が一番伝わるのは、みやこさんが一八歳から三年間勤務した外科・胃腸科で出会った患者の話である。みやこさんの語りもまたＫＪ法による分析を行っているが、語りが一番多かったのもこの患者についてであった。みやこさんはこの患者を「おじいちゃん」と呼び、「家族のようだった」と言った。

私は「死」っていうより、もう少し何かしてあげられる、今思うと、最期、もうちょっとしてあげられるって。この年齢になって振り返ると、もうちょっと何かしてあげられることがあったんじゃないかなと思います。その当時は、医療面でもずいぶん今のレベルとは違いますし、なんか患者さんに対しての心のケアとか、もっとできるといいかなって。

今、看護師さんの仕事、本当に大変じゃないですか。それこそ、パソコンに入力したり、と。私たちの時代はそんな時代じゃなかったから、患者さんの死にじっくりと、患者さんの死っていうのをじっくりと見つめられていました。覚悟ができる、そんな時代だったんですよね。勤めていたのが個人病院だったから、してあげられることは全部してあげられる。機械的じゃなくてね。先生も診療所の横に住んでいたから、何かあれば先生もすぐに飛んできてくれる。そういう環境のなかで仕事をしてたから。

あの当時ね、夜勤のとき、今度は誰がもらうのかな、って言っていました。「もらう」ってのは、亡くなる方のことですね。その当時、私は「つねちゃん、つねちゃん」って言われてたんですが、「やっぱり、つねちゃんかな。つねちゃん多いよね。やっぱりつねちゃんかな」って言われて、「えー、私ばっかり」って言ってたときがありました。本当にひどいときは、月に四、五人の方が亡くなっていました。

お年寄りで、血糖コントロールで入院していた方がいて、高血糖で私が日勤のときに昏睡状態になっちゃったんですよ。「もうだめだよね」って言いながら、二日ぐらいもったのかなあ、あのおじいちゃん。奥さんのほうが先に亡くなられていましたが家族が歩いて二分ぐらいのところにいたので、私が夜勤に入ったとき、「もうおじいちゃん悪いから、来てください」って言って、来ていただきました。

そしたら、ご家族の方が花器を持ってみえたんですよ。「これ、どうしたの」って言ったら、「おじいちゃんがお花の先生だったから、ここでお花を生けたいです」って言うんです。そのご家族も、お花の先生をなさっているんです。

「おじいちゃん分かんないかもしれないけど、どうぞ生けてあげてください」って言って生けてもらって、「おじいちゃん生けてもらえたよー、生けてもらえてよかったねー」って言ってから、一時間位で亡くなりました。

そのとき、死後の処置とかいろいろありますよね。昔は、当直の看護師でやるっていう状態でした。そのあとに、「じゃあ、どうやっておじいちゃんを連れて帰ろうかなあ」ってみんなで相談しました。

そして、本当はいけないんですけど、先生に許可いただいて、「私たちおじいちゃんにお世話になってるから、先生ごめん、ストレッチャーでお家《うち》まで連れていってはダメですか?」と言ったら、先生がすごく嫌な顔したんですよ。でも、「やりたい」って言ったら、「病院どうするんだ?」って先生が言うので、「ご自宅はものの何分かだから、先生ここにいてください。私たちがおじいちゃんを連れていくから、先生、ナースステーションに行って留守番をしてください」って言って、ストレッチャーでお家まで連れていきました。

昔だからできたんですよねー、今ではできませんが。でも、その先生も、「とてもよかったかもね。おじいちゃんにとってもよかったかねぇ」って言ったあと、「亡くなることは分かっていても、こちらもやれる範囲内でやってあげられたっていうことが一番いいことかなー」と言ってくれたんです。

その当時、頑固な、すごい頑固な先生でしたが、その先生が「うん」と言ってくれたから、まぁお連れしたわけです。何歳位のときかな、胃腸科のときだから一九歳ぐらいかな。だから、二〇歳から二一歳の間に、看取るっていうより亡くなっている方がいっぱいいらっしゃったから、亡くなるっていうのは私にとっては死のショックじゃないんですよ。それこそ、どう言ったらいいのかな、もうちょっと何かしてあげればよかったなぁ。高血糖のおじいちゃんなんか、昏睡状態になる前に甘いもんをいっぱい食べさせてなんて、今になって思うんですよ。食べさせてあげればよかったよねーって。そのおじいちゃんだけは、すごく印象的でした。

感覚的に、自分のおじいちゃんみたいに思えたんです。本当に、あのときだけはすごく大泣きをして、先輩にものすごく怒られました。「看護師のあんたが泣いてたら、家族はどうなるの。

もっとしっかりしないとだめだよ！」って言われたんですが、自分のおじいちゃんが亡くなった感覚で泣きました。最期のときは感謝の気持ち、おじいちゃん今までありがとねって。何でもですけど、ありがとうって、私は思っています。

元気なときから知っていたから大泣きしたんだと思います。いつもニコニコしているおじいちゃんでしたが、亡くなったときの顔は全然違っていました。いつも外来で来て、「こんにちは」と挨拶して、「いつも生花を教えているけれど、お花余ったから挿しといて」と言っていつもニコニコしていたおじいちゃんですが、亡くなったときはそんな顔じゃなかったんです。

先生とか先輩の看護師さんたちに怒られてムーッとしていたりすると、おじいちゃんに「どうしたんだ？」とか「怒られるのは当たり前だから、怒られないと上達せんぞ！」って言われていました。いつもおじいちゃんの部屋行っては、「怒られたんだろう。大丈夫だ」とか「今日夜勤だろ、またおいで」って言われて……。そういうおじいちゃんだったんです。本当に自分のおじいちゃんが亡くなった感覚でしたね。

だから、おじいちゃんの笑った顔しか記憶にないから、まだ名前を覚えているんです。なんて言ったらいいのかな、顔が全然違う、むくんじゃって。なんか、全然違う。これが本当のおじいちゃんなのかなって思いましたね。

みやこさんの語りを聞いて、「看護におけるある程度の自由度のなかに、本当の人間性や温かさがあるように思う」と言ったモモさんの言葉、そして「自分のおじいちゃんが亡くなった感覚」だと表現したみやこさんの死の語りはとても印象的なもので、私には感慨深かった。

ストレッチャーで自宅までお連れしたという「おじいちゃん」のほか、みやこさんが勤めていた産婦人科において、亡くなった患者のご家族の心を一番に考えたケアを行ったという経験についてもみやこさんは語ってくれた。そこにも、当時の看護における自由度が感じられる。

4 友だちをおくる

そのときは四五歳くらいでした。胎内死亡、予定日の一日前にお腹の中でなくなってしまう胎内死亡っていうのがあったんです。そのときも、すごく嫌な予感がありました。

その患者さんに対して、赤ちゃんを胎内にそのまま入れとくと母体にとって悪いから、「お母さんっていう形（普通分娩でという意味：括弧内筆者）で出しましょうか？」って言ったら、「赤ちゃんが亡くなったあとに出すのに、痛い思いさせるのか」と親御さんたちに言われました。でも、「帝王切開したら、お母さんに負担がかかりますし、傷が残りますよ」って言って、普通分娩っていう形を取らせていただいたんです。けれども、そのときの赤ちゃん、お腹の中で動きすぎて首吊り状態になっていて、手と足に臍《へそ》の緒が四重にからまっていたんです。

亡くなっていた赤ちゃんでも、お母さんに抱っこしていただくように先生に言われたので、赤ちゃんをお連れして「もう名前決まってる?」って聞いたら、決まってるって言うんです。お母さんが準備されていた「ベビー服を着せてやってほしい」って言うから、「いいよ」と答えました。「ミルクは飲めないから、ミルクはそこに置くよ」と言ったりしたなど、いろいろな話をしました。最後に、「なんで死んだのかな、なんで死んだのかなー」って、お母さんがすごく繰り返していました。

どこの病院でも、今もやってると思うんですが、亡くなった方って裏口からこそっとお帰りいただくんです。

「ごめんなさい、玄関からじゃなくて、こういう経路でお連れしたいと思うんですけども……」と親御さんに言ったら、「うちの子は何も悪いことはしていない。なぜ、玄関から出てはいけないんだ」って、すごい剣幕で言われました。先生から許可をいただいて、「では、玄関から行きましょうね」と言って車までお連れして、お見送りをしました。でも、このお母さんは気丈な方で、一年後に妊娠して、今度は普通に分娩なさっていました。

ただ、お産したあとっていうのはおっぱいが張ってくるんです。母乳をあげたいというお母さんの気持ちがすごく伝わってくるんです。だから、アイスノンで冷やしたり、お薬を飲んでいただいて分泌を抑えたりと、すごく大変でした。
また、赤ちゃんのいない一か月検診のときも、予約に組み込むのが大変でした。一か月検診っていうのは、赤ちゃんの状態とお母さんの状態をチェックすることが目的なので、当然、お母さんが赤ちゃんと一緒に来るわけです。ですから、日を選んで、なるべくほかのお母さんのいない日を設定したりとかして、すごく気を遣いましたね。

みやこさんの語りに対して、「産科で働いていらしたところなど、とても親近感を感じながら聴いていました。ご自身が出産を経験したこと、子育てというところで、人と接する見方などが変化し、その間の看取りなど、自分の心の整理をつけるのに精いっぱいだったのではないかと思います」と発言したのは、大学院の受講生であるTaiちゃんだった。
このみやこさんの死の語りにおいて、大学院生四人の語りには現れなかった死があった。それは、友人の死についての語りであった。受講生であるTaiちゃんは、みやこさんの友人に関する死の語りに対して、「自分の心の整理をつけるのに精いっぱいだっただろう」と推察した。

二一歳くらいから三〇歳まで婦人科に勤めていました。結婚をしてからのときですが、婦長

さん（師長のこと：括弧内筆者）が、赤ちゃんが亡くなるときは私たちに立ち会わせなかったんです。これから子どもを産んで、子育てをしないといけないからという理由で、婦長さんが全部やってくださったんですよ。「あなたたちは来ちゃダメ」って、排除してくださったと思うんです。

　でも、「何で？」と思いました。お産に立ち会うことは普通だし、それを糧にお母さんの気持ちのケアもしたいと思っていたんですけど、何年間ぐらいかな……四年間ぐらい、婦長さんと助産婦（当時）さんで全部処理してくださっていました。

　私も、二一歳のときと二四歳のときに子どもを産んでいます。赤ちゃんを産んで、産声を聞いたとき、あー元気に生まれてきてくれたんだなって思いました。そのときに初めて、お母さんの気持ちが分かるんですよね。

　産声が聞こえなかったらどうしよう、生きてるのかなあっていう不安があります。今は、お母さんに赤ちゃんを抱っこしてもらったりとかして、いろいろとイベントみたいになってるん

研究室で語るみやこさん

ですけど、昔はそういうのがなくて、生まれたら臍帯《さいたい》を切って、きれいにした状態で初めてお母さんにちょっと顔を見せて、すぐに新生児室でお預かりっていうのが普通でした。

　鳴き声が聞こえなかったお母さんというのは、どのように思ったんでしょうね。元気に泣いてくれたよなぁ、あんまり元気ないな、っていうのは看護師だから分かるんですが、お母さんにとっては何が起こったかが分からない。四時間ぐらい経って、先生から「一生懸命頑張ってみたけど、赤ちゃん、亡くなりました」って報告されたとき、「やっぱりそうでしたか……」と言われたのがすごく印象的でした。お母さんは、覚悟していたようでした。

　実は、友だちを卵巣がんで看取ってるんですよ。その友だちも私と同じ三三歳でした。友だちのお腹がふくれてきたので、おかしいなって思って調べてみたら卵巣がんでした。すでに手の施しようがなく、二回の入退院を繰り返したあと、また入院してきました。旦那さんは警察官ですごくいい人、ずっと付き添っていました。最期は私も病院に泊まり込んで、ずっと友だちとともに寝起きしていました。仕事をしながらですが。

「子どもを産んで顔が見れたし、元気だし、だからすごくよかったよ」と話す友だちのお母さんも、がんで亡くなっているんです。「もう、がん系統だから仕方がないよね」とも言っていました。

　最期、旦那さんが仕事を途中から抜けて病院に来たとき、旦那さんとお子さんに、「ありがとう。お母さんのことは忘れないでね」って言って、友だちは息を引き取ったんです。

　友だちの死後の処置を全部させていただいたんですが、そのとき婦長さんが、「大丈夫？」と声をかけてくれたんです。「大丈夫。これが、私ができる最後のことだから。仕事だと思ってやります」って返事して、死後の処置を全部一人でやりました。

　看護婦だから看てあげなくちゃ、ということもありますが、すごく仲のよい友だちだったんです。ただ一つ、看護婦だという割り切りもあるんですが、友だち同士だとなかなか割り切れないものがあります。「先生、治らない？　抗がん剤使ってもだめ？」と先生に聞いて、「もう、抗がん剤を使われてるから、あとは頑張ってもらうしかないよね」っていう感覚です。

　友だちに、「なんで？　なんでよくならないの？　教えて！」と言われたんです。けれど、みんなで隠しているから言えないし、「あなたは亡くなるんだよー、だめだよー」とも言えないし……このような葛藤がありましたね。「おはよう！」とか、夜勤で「どう？」って言ったときにも、やはり何も言ってあげられない。ジレンマっていうのがあって、すごく悩んだことがありました。

　そのほかにも、いろいろといっぱいありましたよ。ただ、婦長さんが、赤ちゃんが亡くなったときに立ち会わせてくれなかったことについては、自分の子どもを産んでから分かりました。そのとき、婦長さんの心遣いがすごく分かりましたね。そうなんだ、これから子どもを産む私の前で赤ちゃんが亡くなれば、自分が産むときにそうなるんじゃないかという不安感を抱かないように、婦長さんが背負ってくださっていたのだと思いました。すごくいい婦長さんで、何もかもその婦長さんに教えていただいたおかげで今の私があります。

5　わたくしたちの時代

友だちをおくること、そして自分だけでなく配偶者の親も看取ること、みやこさんの死の語りと四〇代になる看護師の死の語りの違いは、この二つにあったことが分かる。

このあと、みやこさんのお母さんの看取りについて話をうかがっている。そして私は、四〇代の看護師たちの死の語り全体において、「**仕事としての死**」と「**身内の死**」の割合が約「2.3対1」であったこと、またそれについて、「日々多くの死に直面する看護師であっても、身内の死は印象に残りやすいと考えられる」という考察をしたとみやこさんに伝えたところ、次のようにみやこさんは言った。

患者さんの死っていうのは仕事、でも肉親っていうのは血を分けた大事な人。どちらを優先するかとなると……やはり「死」っていうと家族ということになってくるんじゃないですか。

大切な人だから、こういう気持ちで看取りますよ、となるんじゃないですか。

不謹慎かもしれませんが、仕事において亡くなった人を見ても、その悲しみが続くことはないんですよね。お見送りしたら終わり、なんです。患者さんは、職場で処置して、お見送りしたらそこでジ・エンドです。でも、家族っていうのはずっと続く、たとえば四九日だ、一〇〇日だ、一周忌だとかって、いろいろ続いていくじゃないですか。つながりもあって、お墓もあって、お参りもする。

家族っていうのは、亡くなっても永遠に続くものなんですよね。それと、私のように、もう少し早く母を病院連れていってあげていればという気持ちがあると、どうしても心情的に強くなります。みなさん、家族の死についてよく話されますよね。たとえば、おばあちゃんのところに年に一回しか顔を出していなかったら、もっと行ってあげればよかったとか。要するに、悔いというものがあって、話されるんでしょう。

みやこさんが体験した印象的な死の語りの最後は、働いてきたなかで培われたみやこさん自身の看護観で締めくくられていた。

私たちの時代っていうのは、胃カメラ一つとってもものすごく太いものでした。今はすごく

細くて、患者さんの負担にならないようにつくられています。昔は、吸引器、酸素、点滴、それくらいしかなかったんですよ。本当に昔、大昔のことですが。

そんな年代、四三歳ごろから一五年間勤めたクリニックがあるんですが、そこでは、「患者さんに何をしてあげられるんだろう」って、みんなで考えて仕事をしていました。今の看護師さんたちは、「はい、血圧ね」と言って測って、そのあと何をしてるのかなって見てみると、パソコンの前に座っていますよね。

私たちは、カルテも手書きでしたし、患者さんが言っていたことなんかも全部記録として残していたんです。パソコンに向かっている時間に、患者さんの看護に入れると思うんですよね。そして、仕事が落ち着いたとき、カルテに記入すればいいんです。そうすると、患者さんに何をしてあげられるのかについて考えることができます。赤ちゃんが亡くなって悲しんでいるお母さんに、自分の経験の積み重ねで「また赤ちゃんできるよ」って声をかけることもできます。

亡くなったばっかりのときにこんなことを言うのもおかしな話ですが、まずはお母さんに寄り添って、お母さんは私たちに何を求めているのかと考えながら仕事ができるようになったのは五〇歳を過ぎてからです。その点、今は考え方が変わってきたように思います。

私の父なんて、亡くなる一時間前まで意識がなかったのに、血液を採取しに来た看護師さんに「うーっ」て言って怒っていました。「えーっ、凄いねー」って私たちはびっくりして、「このまま元気になるね」と言って喜んでいたら、一時間後に息を引き取りました。患者さんのなかには、手足を押さえた状態で看取った人もいます。いろいろな方がいらっしゃいますが、それぞれの死に立ち会えば、必然的に死を受け止めることができるようになるのかなと、やはり五〇代で学びました[5]。

6　畑の約束

六〇代の看護師であるみやこさんの死の語りを聞いたあと、大学院生のりょうさんが次のように言った。

「みやこさんが、人としても、女性としても成長し、そこから出会う『死』が徐々に変化しています。事象を受け止める人がどう感じ、どう捉えるかで『語り』は変わるのだと感じました。また、肉親の死と患者の死が看護師の死の語りに出てくるのは、区切りがつく死か永遠に続く死なのか……。患者の死と肉親の死は、あまりにも心の振り幅が違うので、出てきてしまうのかなと感じました。友人の死でも、母の死でも、当事者になった瞬間に世界が変わるし、看護師である自分と悲しんでいる自分との間で、葛藤やさまざまな思いが交錯します。だから、肉親の話を語ってしまうのでしょうか」

そうなのかもしれない。そして、明確な解答を導くよりも、考え続けていくことが大事なのだと私は思っている――ただ、そう言えたのか、言えなかったのか、日々記憶が遠ざかっている。

さて、イッシーと私で食事とデザートを提供していた研修宿泊施設の子どもたちは、一四人とも体調を崩さず、元気に帰宅していった。最後まで研修宿泊施設に残って、家族の迎えを待っていた女の子に提供した梅干しのおにぎりと卵焼き、そして味噌汁が最後に提供した食事となった。

「おうちに帰ったら、一番に何が食べたい？」と尋ねると、「お母さんの豚の生姜焼きです」と、その女の子は嬉しそうに答えた。調理室への帰り道、無事に全員の子どもたちが帰宅できたことの感激と達成感で、私は「豚の生姜焼きだってー！　お母さん、それ聞いたらきっと泣いちゃうよねー」とイッシーに話しかけた。

「お母さん、気合い入りすぎちゃって、いつもよりもいいお肉を買っちゃってさぁ。味付けも、いつもは入れないミリンとか入れちゃって、いつもと味が違うーって絶対なるよねー」と、弾んだ声でイッシーが答えた。

（5）　みやこさんの語りをKJ法で分析した論文は、嶋守さやか（二〇一九）「熟年看護師による死の語り」『桜花学園大学保育学部研究紀要』第一八号にある。

「本当に凄かったねぇ。畑の野菜をモリモリ食べ続けたら、黒ずんでいた子どもたちの肌がどんどん透明になって、笑顔もどんどん輝いて。やっぱり、普通の食事が一番のごちそうだね」

こう言ってから、そうだ、畑の野菜をくれた濱野さんとみやこさんに連絡しようと思い立ち、二人にLINEをした。すると夕方、みやこさんからの返事が届いた。

「こんにちは。たいしたものがなくってすみません」

「いえいえ、大きな段ボールいっぱいのネギやタマネギも、キャベツもサニーレタスも、本当に見事なものでごちそうさまでした」と返すと、みやこさんのお孫さんが畑で働いている様子を写した写真が送られてきた。

「今日は、孫がコロナの影響で働いている事業所か

みやこさんの畑

ら自由出勤と言われて、畑の手伝いに来てくれました。助かっています」

お孫さんは、「僕プロ」では子どもたちの頼れるリーダーを務めてくれていた。今は、もうずいぶんと逞しくなったことだろう。ラップを歌うように、リーダーが街行く人たちに募金を呼びかけていた様子を思い出した。とっても可愛かった。みやこさんから次のLINEが届いた。

「先生も気分転換に畑に来てください。のどかでのんびりできますよ。桜、ウグイス、イタチ、キツネ、自然に触れられ、癒やされています。キツネ、昨日は坂田さんが見ましたよ」

坂田さんとは、日本福祉協議機構のスタッフである。ほかのスタッフや濱野さんが「嶋守先生」と呼ぶなかで、一人「シマさん」と元気に私のことをいつも呼んでいる。まるで、かつて放映されていたドラマの『太陽にほえろ』(6) みたいだ。

キツネを見ることに関して、坂田さんに先を越されたのがちょっと悔しい。また、夏野菜を植えるときにみやこさんは連絡をくれるという。

みやこさんの畑に行くか――約束はきっと果たせる。

(6)　一九七二年〜一九八六年に日本テレビ系で放送されていた刑事ドラマ。主演は石原裕次郎。

第3章

後生を願いに
——現在の臓器移植と若手看護師による死の語り

1　死が、私を劈《ひら》く

前章まで、四〇代と六〇代のベテラン看護師による印象的な患者の死の語りを見てきた。本章では、二〇代後半から三〇代の若手看護師による「印象的な患者の死の語り」を示していくことにする。

その語りを示す前に、「ここまで」と「ここから」の死の語りを整理するといった作業を、佐藤紀子さん（東京慈恵会医科大学医学部教授、東京女子医科大学看護学部教授）が示す「看護職生涯発達学」の考え方を参照にして行っておきたい。佐藤さんは、看護管理学において、「人材育成／キャリア形成支援」に特化した領域としての「看護職生涯発達学」を研究している。

本書で出会った看護師たちの「印象的な患者の死の語り」では、看護師による「臨床の『知』」、すなわち、その看護師自身の判断、行動、自身の思い、考えが語られている。「臨床の『知』」とは、佐藤さんが提唱するものである。佐藤さんは「臨床の『知』」について、看護師がその状況において用いてはいるが概念化はされておらず、「未だ混沌とした、そして未来へと開かれていく可能性のある『知』」と示している[1]。

佐藤さんによれば、看護師の「臨床の『知』」は三つの類型に整理できるという。それぞれの知は、その看護師の「存在の仕方」、「意味の捉え方」、「関心のあり方」に特徴があり、それらは**表3－1**のようにまとめられる。佐藤さんは、「最近、あなたが看護をしていて印象に残った場面を取り上げ、その状況を書いてください。次に、その場面であなたが考えたり決断したこと（すなわち、あなたの判断したこと）をなるべく詳しく書いてください」という質問を看護師に行い、その回答から、「看護師の『臨床判断の構成要素と段階』」を整理した。看護師の臨床判断が、看護師としての成長とともに成熟していくことを佐藤さんは見いだしたわけである。

表3－1に示した「看護師の臨床の『知』」の類型を順に確認していこう。

臨床において看護師が「閉ざされた『知』」を用いているとき、その看護師は患者やその家族との交流が少なく、看護師自身の考えや感情に基づいて行動を起こしている。患者やその家族の

（1）　佐藤紀子（二〇〇七）『看護師の臨床の『知』――看護職生涯発達学の視点から』医学書院、一一二ページ。

表３－１　看護師の臨床の『知』

臨床の『知』	存在の仕方	意味の捉え方	関心のあり方
閉ざされた『知』	私の世界	一つ	自分
相互作用の『知』	クライアントとの開かれた世界	多義的	相手への自分の関心
関わりの『知』	相手に配慮する世界	全体的な捉え方	相手の関心に気遣う

注：佐藤紀子（2007）『看護師の臨床の知――看護職生涯発達学の視点から』医学書院、第２章より著者作表

言語／非言語的な行動や訴えで自身が揺らぐことはあるが、看護師の目の前で起きている現象は看護計画を遂行する自身の固定した意味合いによって一義的に捉えられ、他者とのかかわりのなかで看護師自身の行動が調整されることはない。

閉ざされた『知』を用いる看護師は「私の世界」におり、周囲で起きていることについても自らの関心を中心とした、一つの意味づけしか見ることができない状況にある。(2) しかし、「ありがとう」、「待っていたよ」、「あなたがいてくれてよかった」など、患者やその家族からの言葉を受け取ることで看護師自身の緊張を解けるときがやって来る。

また、看護師に対して自らを閉ざす患者やその家族に献身的に働きかけてきた気持ちや姿勢が患者に伝わって関係ができたとき、その看護師は患者やその家族との「相互作用の『知』」を用いるようになる。その看護師が

状況判断をするために、目の前で起きる現象についての意味づけも多義的となり、自分の関心が相手に向かっていくことになる。(3)

その後、看護師としての経験と看護実践を積み重ね続けていくと、患者やその家族に配慮したうえでニーズを満たそうと、相手の関心を気遣うことができるようになってくる。それは、その場で起きていることを全体的に捉える視点が看護実践に活かせるようになってくるということである。(4)それが「関わりの『知』」である。

こうした佐藤さんの研究を踏まえて、私が本書で見ている「看護師の死の語り」を考えるならば、どのように捉えることができるだろうか。「印象的な患者の死の語り」を看護師としての成長からまとめると、私は**図3－1**「看護師の学びと成長」として整理することができると考えている。この図は、佐藤さんが看護師の「実践の形成過程」として示した図をもとにして私が作図したものである。(5)

この図を、下から上へ、また左から右と見ていってほしい。まず、図の左に示した縦の矢印は

---

(2) 佐藤紀子（二〇〇七）前掲書、一一五ページ。
(3) 佐藤紀子（二〇〇七）前掲書、一三九ページ。
(4) 佐藤紀子（二〇〇七）前掲書、一六二～一六三ページ。
(5) 佐藤紀子（二〇〇七）前掲書、一一一ページ。

図３－１　看護師の学びと成長

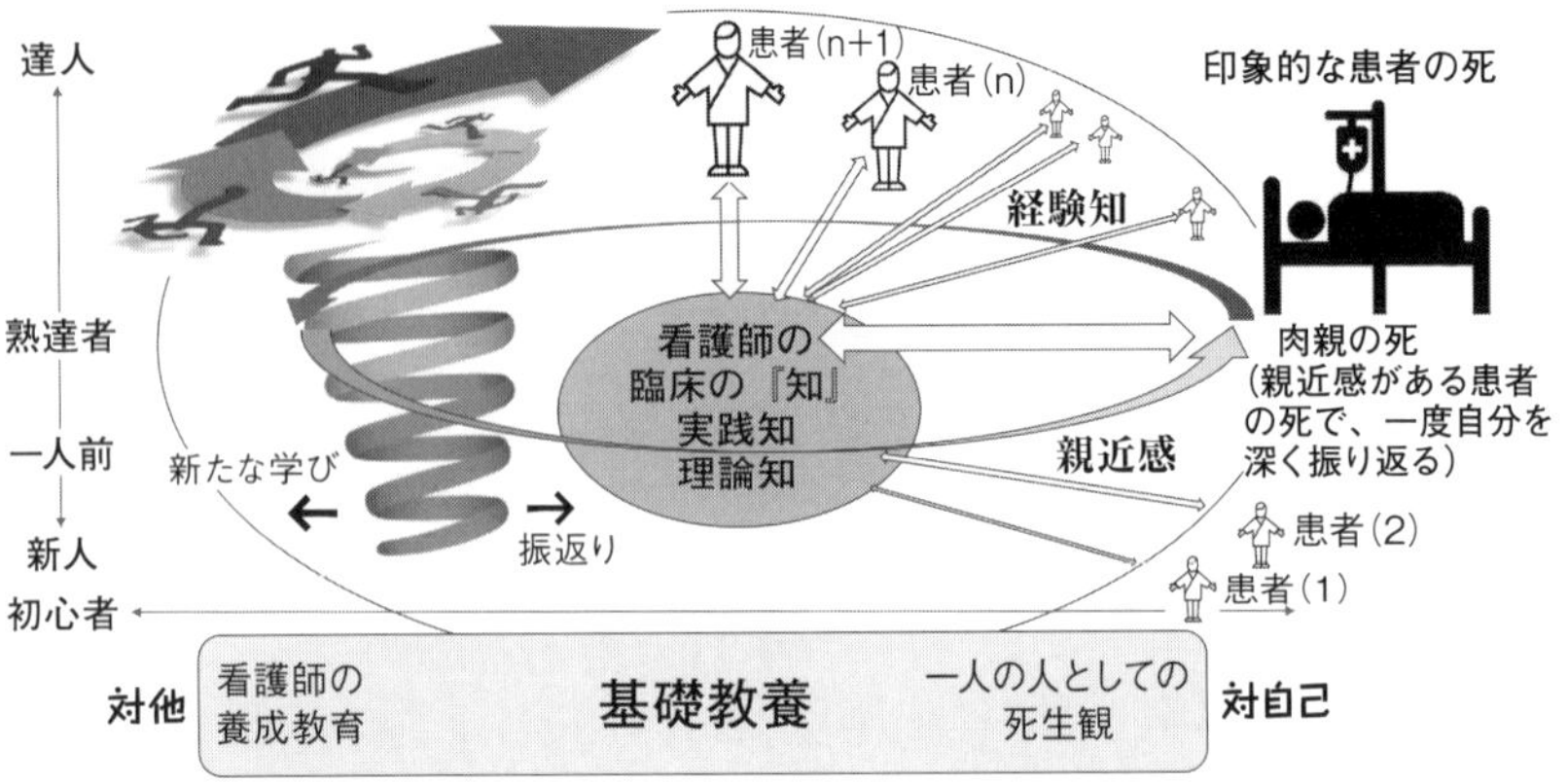

看護師としての成長を示すものである。看護師として勤務し、実践を重ねることで、「新人」から「一人前」、「熟達者」、そして「達人」へとキャリアが形成されていく。看護師は、看護師養成教育課程で獲得した「知」、研修で得た知識などから成る「理論知」、実践で得られて用いられる「実践知」、そして先に示した佐藤さんが提示する「臨床の『知』」が積み重ねられていくことになる。三つの「知」は看護の核であるため、**図３－１**ではその中心に示すことにした。

　看護実践の特徴に、「実践的知識は、身体化されると本人にとっては表現することが困難になる性格」があると佐藤さんは言う[6]。一部は言語化されうるが、日常業務において「臨床の『知』」はその看護師自身の判断と行動の基になる「暗黙の知」である。この「暗黙の知」は、経験と実績を重ねるにつれて看護師に身体化されていくものである。

この「暗黙の知」として私は、佐藤さんがその研究で示した看護師の「臨床の『知』」に加えて、看護師たちの死生観を醸成する肉親の死や、看護師がその家族のように親近感をもった患者の死の語りに現れる「経験知」を示したいと考えている。

本書の第2部第1章では、私が授業を担当した大学院生だったベテラン看護師による「印象的な患者の死の語り」、第2章では熟練看護師であるみやこさんの「印象的な患者の死の語り」を示してきた。その語りを聞いたことで、私にはある疑問が生じた。なぜ、看護師たちは、「印象的な患者の死の語り」において「肉親の死」あるいは「本当のおじいちゃんみたいだった」というような「家族」につながる言葉を使ったのか、ということである。

この疑問から「看護師の印象的な死の語り」について考察し、最終的な結論として私が考えついたことは、患者に抱く「親近感」が、自身もしくは看護職自体をもっとも深く振り返るだけの内省をもたらし、その経験で得られた知（経験知）が、その後の看護実践に活かされていくということであった。

ベテラン看護師のりょうさんやTaiちゃんは、「印象的な患者の死」として、それぞれ父親と

（6）佐藤紀子（二〇〇七）前掲書、二三四ページ。

妹の自死について語っていた。二人とも肉親の死に直面して当惑したわけだが、とくにTaiちゃんにおいては、後悔と自責の念から看護ができなくなった時期があった。肉親と自身との距離の近さゆえに、自分にだけ関心が向かってしまう「私の世界」に二人は閉じ込められてしまった時期があったということである。

しかし、りょうさんにおいては息子さんの言葉、そしてTaiちゃんにおいては先輩の働きかけから、二人の関心は自身の「外」、つまり他者に向いていった。すると二人は、亡くなった「肉親は、いつも自分のそばにいる」と実感し、日々の看護に向かえるようになった。二人の語りを聞いていると、看護師としての日々に忙殺され、日頃家族に向き合えなかったことを後悔した分だけ、その後に出会う患者さんに対しては経験知が活かされている様子が私には見えてきた。

このように考えると、**図3－1**の左側に示した「学びの過程のらせん」は、自身の看護実践を「自身の世界」に向かう方向で内省する振り返りとともに、自らの周りや他者に向かう「新たな学び」によって積み上げられていく看護師としての学びを示している。その振り返りを行う際、一番大きな軌道を描くのが「肉親の死」、あるいはみやこさんの語りに出てくる「本当のおじいちゃんみたいだった」という患者の死であると考えられる。看護師として、一人の人として、「生死とは、自分にとって何であり、それとどのように向き合い続けていくのか」という省察と姿勢が、それぞれの看護師としての死生観を深く醸成させていく。そのきっかけになった大きな出来事、それが「肉親の死」あるいは「肉親のように親近感を得た患者の死」であった。

　さて、ここまで確認したところで、次に二〇代後半から三〇代の若手看護師の「印象的な患者の死の語り」を見ていきたい。この二人の語りを取り上げるのは、死生観という基礎教養について考えてみたいからである。

　一人目は、「ズッキーさん」という女性看護師である。ズッキーさんは、看護師になる前に祖父の死を経験しており、その出来事が「看護師になる」という堅固な意識を幼少時からもち続けるきっかけとなっている。ちなみに、私が大学院で担当したベテラン看護師のスズメ（一一五ページ参照）さんも、看護師になる前、肉親の死という出来事から死生観を獲得している。

　二人目の若手看護師は、二〇代後半となる男性看護師のたかし君である。たかし君は、大学や臨床現場で獲得した理論知や実践知を、「印象的な患者の死」を体験したことで、自らの肉親の死という体験に引きつけて考えるようになっている。患者の死を自身に引きつけて経験知となっていく「臨床の『知』」の形成過程が、たかし君の「印象的な患者の死の語り」から見ることができる。

「印象的な患者の死」という経験が彼自身の死生観を醸成させる過程は、年代や経験年数に関係なく生じるものである。しかし、私が傾聴してきた看護師の死の語りを見ると、比較的キャリアの初期に生じているように思われる。第１章で記したように、父親の死を示したベテラン看護師のモモさんや熟練看護師のみやこさんにしても、患者に可愛がられた経験を重ねる日々を過ごしたからこそ、その患者の死が深く印象的なものになったと考えられる。

「印象的な患者の死」という体験が、「私の世界」に閉じ籠もりがちな看護師の「私」をそっと劈《ひら》くきっかけとなる。そのことを、二人の若手看護師が語る印象的な患者の死から読み取っていただきたい。

2　手術室において

二〇一九年一月一六日、大寒間近、若手看護師のズッキーさんが私の研究室にやって来る予定になっていた。研究室にお客さんがいらっしゃるのだからと、研究室を簡単に片づけてテーブルを拭き、お茶を準備して私はズッキーさんを待っていた。いつものことを普段どおりにして（？）待っていたのだが、その様子を目撃したゼミ生は、「せ、先生がゴミ袋を持って、そ、そ、掃除をしている！」とショックを受けていた。

構内の椿が咲きはじめていた。これから咲き誇っていく生き生きとしたエネルギーを孕《はら》み、ほころびはじめた蕾が、これから会おうとしている若手看護師の姿なのかな、と私は想像した。

ズッキーさんとは、第１章で紹介したベテラン看護師のりょうさんが私に紹介してくれた、三〇歳になる手術室の看護師である。ベテラン看護師（四〇代）、熟年看護師（六〇代）とともに、「若手の看護師さんの死の語りを聞きたい」とりょうさんに私はお願いしていた。

「三〇代の看護師、二人が承諾してくれました。男性と女性です」と、りょうさんがLINEで連絡をしてきてくれた。この女性看護師というのがズッキーさんだった。研究室に来ていただいて、インタビューの目的などをインタビューガイドに沿って説明し、同意書にサインをいただいたあとに、私はICレコーダーのスイッチを入れた。

「ズッキーさん。二〇歳のときから正看護師になられて、四年間が病棟、それから手術室で、今、看護師歴が五年目ですね。突然ではありますが、お話しようと考えてきてくださった内容をお聞かせいただけますか」

「はい」と、ズッキーさんは静かに答えた。ズッキーさんの語りの最初は、中学二年生のころ、在宅医療を受けていたお祖父さんの看取りのときに泣いてしまったという経験に関してであった。ズッキーさんは静かに涙を流し、そのあとお祖父さんの様子について語りはじめた。

学生が撮影した私の掃除現場

自分のおじいちゃんのときの看取りのときに、そもそも在宅看護というものを初めて目にしました。家で療養するっていうことです。小学二年生のときからすでに看護師になりたかったので、憧れの雰囲気がここにあるみたいな感じで、最初は好奇心とか興味で見ていました。お母さんが点滴を換えるのを見ていたりとか、やっちゃいけないけど、滴下を触っちゃったりとか、看護師ごっこ、真似事をしながら過ごしていました。

でも、日に日におじいちゃんの見た目が変わっていくんです。自分が知っていたおじいちゃんとは違うんです。胃がんだったので食べられなくて、点滴だけで栄養をとっているという状態で、骸骨みたいに日に日に変わっていったんです。しゃべれなくなって、頷くぐらいしかできませんでした。

たぶん、亡くなる数日前ですが、おじいちゃんに「ちょっと」と呼ばれたんですが、怖くてしょうがなかったです。初めて骸骨みたいな人に接したというか、見たからです。他人のお葬式に行って棺の中を見ますが、そんな骸骨みたいな人を見たことがないから、今しゃべったらもう死んじゃうんじゃないかと思いました。だから、「ちょっと」と呼ばれたけど、一人だったので行けなくて……。

今思うと、何が言いたかったのかな、とすごく思います。そのあと何日かして亡くなりましたから、あのとき言いたいことがあったんだろうなと思い出してしまいます。

うちの母親もおじいちゃんの看護を一所懸命にやっていました。その母親がよく言っていることですが、おじいちゃんが亡くなる寸前、おじいちゃんに呼ばれて、「もう、おりてええか」と言われたようです。そのとき母親は、「何言っとんの。ベッドにおるでしょう」って返答したようですが、今思えば、「逝っていいか?」という意味だったみたいです。

私はこのような場面を経験したことはありませんが、自分の死を分かる人は、そうやって悟っていくのかなと思ってしまいました。なんか、すごいことですよね。本当に最後の最期まで、一所懸命やってあげたいなっていう気持ちになりました。絶対にしてあげたほうがいいと思った経験でした。

涙を拭って深呼吸したズッキーさんに、私は「在宅でのお看取りをしたということですが、お母さまというのは看護師さんか何かをされていたんですか?」と尋ねた。「全然です」と答えてから、ズッキーさんは話を続けた。

お母さんにとっては義理の父と母になるわけですが、実は、義理の母もくも膜下で倒れていて長い入院生活を送っていました。身体麻痺と失語という症状があったのですが、その介護を本当に一所懸命にやっていました。今でも、本当にすごいなって思います。

「床ずれだけは絶対につくらなかった。それが私の誇りなのよ」って言っているぐらい、おばあちゃんのことも一所懸命看護をやっていました。私はすごく小さかったんで全然分かりませんが、おじいちゃんのことも、何から何までやっていました。

そういう母親がとことん一所懸命にやるってところを本当にすごいと思っていますから、自分がかかわる場合も、やるならしっかりやりたいなと思いますね。

その後、しばらく考えてから、ズッキーさん自身が「看護師になりたい」と思っていた少女時代について話しはじめた。

実は、小学校のときからずっと看護師になりたいと思っていました。別にほかになりたいと思うことがないまま、ずっと言い続けてきました。今でも、この仕事を選んでよかったとすごく思っていますし、他人《ひと》より気持ちを高めていきたいと思っています。

そもそものきっかけは、自分が小学校の低学年のときに火傷《やけど》で入院したことです。そのときの看護師さんのかかわり方が、自分のなかに強く残っています。一番身近にいて、優しくしてくれたんです。テレビ番組なんかでも、密着、救命病棟みたいなドキュメンタリーが多いじゃないですか。そういう番組もよく見ていたし、カッコイイなとも思っていました。先ほど話したおじいちゃんのことも含めて、看護師になりたいと思うきっかけがたくさんありました。

　おじいちゃんも、在宅になる前に入院して手術をしていますが、そのときに執刀した先生に「看護師になりたいんです」と話をしたんです。今、手術室で勤務しているとありえないと思うことですが、先生が「手術室においで。見に来ていいよ、手術」とおっしゃったんです。今なら考えられないことです。家族が「見たい」と言っても、絶対に手術室に入ることはできません。何でできたんだろうって、改めて思っています。

　それで、ガッツリお腹を開かれてる状態のおじいちゃんを見たのです。私だけだと「あれだから」と言って、確かお父さんも一緒に入っていきました。先生みたいに、手洗いをして、きれいにして、です。

　私が、思わず「すごいですね」と言うと、

「はい。胃がんだったんですが、『これが胃だよ』と言われて。『滅菌手袋つけてるから、持ってみていいよ』と言われて、おじいちゃんの胃をさわらせてもらいました。その感触も強烈に残っています」

　と、嬉しそうにズッキーさんが笑いながら答えるので、「そりゃそうだ」と私も笑いながら答えてしまった。

「それでたぶん、他人《ひと》の死にもともと興味をもっていて。今思えば、ターミナル（終末期の看護：括弧内筆者）での看護が多かったなと思います。死について、とても関心が高かったんだな、っていう感じです」

ズッキーさんの語りは、その後、手術室に勤務してから出会った患者についての話となった。そして、手術室の看護のあり方について自分なりに思うこと、考えていることを教えてくれた。ズッキーさんは、「私は人の尊厳みたいなものを大事にしたいから、そんなところは他人《ひと》とは違う視点があるというポリシーをもっていたいんです」と、冷静かつ熱く語ってくれた。

「若い子で、語れる子っていうのはなかなか、そんなにはいないんですよ」と、ベテラン看護師のりょうさんが言っていたことを思い出した。そのりょうさんが推薦し、語りを引き受けてくれたのがズッキーさんである。話の一つ一つに、私は本当に感心するばかりだった。

3　ある日、色景《いろのかげ》から光景《ひかりのかげ》へ

ズッキーさんに続き、若手看護師から死の語りを聴く機会があった。彼は「たかし」と私に名乗った。たかし君は手術部で五年目、二七歳になるという男性看護師である。彼も、ズッキーさんと同じく私の研究室にやって来て、「死の語り」をしてくれた。ＩＣレコーダーのスイッチを入れ、「平成三一年二月五日、たかしさんのインタビューをはじめたいと思います。早速ですが、お話をしていただきたいと思います。よろしくお願いします」と私が言うと、たかし君が静かに語りはじめた。

えっと、看護師の、看護師としてやってきたなかで、ということですよね。印象的なことは、看護師三年目、四年目のころに、それまで手術室担当だったのが救急外来も兼務するようになったことです。手術室だと、必ず人は死なせずに病棟やら救急処置室などに行くのですが、救急外来だと死んでしまう方がいます。そこで出会ったのが、ちょっと病名は忘れてしまいましたが、救急外来に搬送された、確か六〇代か七〇代ぐらいのおじいさんでした。

検査のためにレントゲンなどを撮影していたのですが、途中で容体が急変されたのです。すぐに人工心肺、心臓マッサージなどを行ったんですが、医療機器をつけて何とか延命を図るという状態だったんです。

そこでご家族を呼んだのですが、奥さんと娘さんの三人です。先生が、「今の状況なら延命ができる状態ですが、ご本人の意志がとれていません。急なことだったので……。これから、どうされますか？」と話したとき、奥さんは床に崩れ落ちるほど泣いていらっしゃって。娘さんのほうも泣いていらっしゃった。それを見た僕は、ああ、すごくショックなんだって感じたんです。僕のなかでは、それが衝撃的な光景でした。僕にとっては、人が死ぬかもしれないという場面に立ち会うのが初めてだったのです。

その場で数分考えられたあと、ご家族が、もう延命措置はやめて、そのまま亡くなるという状態を選んだんです。それを聞いて、僕は混乱しました。なぜ、あんなに泣いていたのに、死を選ぶんだろうか、と。たぶん、長年付き添ってきたという背景もあるとは思うんですが。

ご家族のお話を聞いていると、おじいさん、そのご高齢の患者さん自身が自宅において結構暴力的であったとか、ご家族にも迷惑をかけていたということでした。こういうことも含めて、悲しいことだとは思いつつ、死を選ばれたんだと思います。ご家族で、ご家族のなかだけで、実際に関わりあうことでしか分からないことがあるのでしょう。

ショックだったことの一つは、ご家族が本人の死をそこで決めるということでした。患者さんの命だけれど、ほかの人が生死を決めるという権利をもつことになり、その決断を下してしまうっていう状態は「どうなんだろう？」と感じてしまいました。でも、この患者さんのご家族のことを考えると、実際、僕のおじいさんが亡くなったときのことを振り返れば、家族が介護で疲れていた姿を僕も見ていましたから、できることはやり切ったし、解放されたいと思うのかなという部分もあるのでしょう。いずれにしても、なんとも言えない気持ちになったことが僕にとっては印象的でした。

たかし君の語りがここで中断した。私は、たかし君が語る次の言葉をしばらく待った。しかし、彼は黙りこくったままだった。そこで私は、「今日来るにあたって、いろいろと考えていただいたと思うんですが、最初にこの話をしようと思ったのには、どのような意図があったのですか？自分のなかで考えていたことはありますか？」と尋ねてみた。

しばらく考えて、たかし君が次のように答えた。

自分のなかで、死について振り返るという、立ち止まって振り返るということが、看護師生活のなかにおいて今回のお話を受けるまでありませんでした。「こんなインタビューがあるけど、たかし君、死について話せること何かある？」と聞かれたとき、パッと浮かんだのがこの出来事でした。自分のなかで、結構大きな影響を与えたのかな、と思っています。

―・―・―・―・―・―・―・―・

この患者さんの死がたかし君に「大きな影響を与えた」と分かったので、私は「大きな影響とは、具体的にはどういうことだと考えていますか？」と尋ねた。よほど、言葉にすることに抵抗があったのだろう。たかし君は淀みつつ、苦しそうではあったが、訥々《とつとつ》と次のように語ってくれた。

手術室にいると、「必ず生きて帰す」というのが絶対条件としてあって、予後として二日後とかに亡くなってしまう方でも、臨床的には死にならないっていう状態で帰すことが多かったです。それだけに、自分が手術室の看護師として死に向き合ったとき、もっと先のことを考えて接していなかったという反省もあって……。

考えているつもりでも、いざ死を間近に見る場面に出会い、患者さんの情報収集しているときにその後の状況とかを考えると、手術室で行うことは変わらなくても、患者さんに対して思うことが変わるということがありました。

―・―・―・―・―・―・―・―・―・―・―・―・―・―・―

たかし君は、勤務しはじめてから三、四年後には、手術室だけでなく救急外来での看護も担当していたという看護師だった。救急外来で、容態が急変して亡くなった患者さんの死が、「最初にかかわった患者さんの死だった」とたかし君は言った。

「その前に、手術室で患者さんが亡くなるという経験はなかったの？」と私が尋ねると、たかし君は次のように答えた。

―・―・―

あるにはあるんですが、死を目の当たりにしたのは臓器移植の方でした。年齢などは覚えていないんですが、その方（ドナー）から臓器をもらうということになっていました。実際には植物状態で、意思疎通はとれませんでした。

何回か脳死判定をし、一～二週間のち、臓器を摘出する前に黙祷《もくとう》をして手術がはじまりました。大動脈を遮断して、心臓を摘出するっていうときには心電図の脈も出なくなっていました。いつも鳴っている音が鳴らない状態で手術が進むっていう状況のとき、死を目の当たりにしました。

患者さんには本当に申し訳ないんですが、自分にとっての勉強のためというか、どのように臓器が摘出されるのか、どのように臓器移植の手術が行われるのかといった流れを確認したいという意識が強かったです。患者さんの背景にあるものをまったく考えずに、そのときの状況を見ていたと思います。全然、患者さんのことを見ていなかったんです。

たかし君はそう言って、さらに話を続けた。「臨床の『知』」から説明するならば、たかし君の関心のあり方が、「相手への自分の関心」から「相手の関心に配慮する」ことへと大きくシフトチェンジされていく過程が聞き取れるようなものであった。それは、色だけが目の前にあるという景色から、自分なりに、目の前にあることについて意味を見いだすことができる光景に変わっていく状態であるように私には感じられた。それは、たかし君の看護師としての成長過程である。

ほかの臓器移植では、ご家族の方がご本人の臓器移植の同意がとれずに、ご家族の方が「臓器移植でほかの方に役立つならば」ということで臓器の提供を決めて移植が決まったという方もいました。

僕自身は、植物状態になっても、臓器移植はあまりしたくないと考えています。ご本人の意志がそこになく、たぶん長年付き添ってきて、ご本人も「きっと喜ぶだろうし、ほかの人にも役立つだろうし」ということで、この場合はほかの方の臓器移植を決めたわけです。もちろん、植物状態でもう待てないっていう状況もあったとは思いますが、そこで臓器移植が決まったというのが僕自身はモヤモヤして、自分の心のなかでは苦しかったです。

臓器移植を僕が初めて経験したとき、その方のどの部位を取るのかということを手術の前にしっかりと把握していなかったんです。その後、印象に残った臓器移植の患者さんのときですが、ようやく実際に患者さんの情報を見て、その方は「眼だけを残したい、眼球だけは残したい」というご家族の希望を知りました。そうだ、僕の祖父が亡くなってお顔を拭いたとき、眼があるのとないのとではずいぶん違うということを思い出しました。こういうことですら、自分の考えが至っていなかったことに気が付きました。

しかし、ご家族の思う気持ちとかほかの人に役立つと言える状況であったとしても、何十年か経ったあとに意識が戻るということも信じたいのではないでしょうか。それを考えると、やりきれないなという気持ちが少しあります。それが理由で、すごく考えさせられたことがあります。

4 語りのバトン

このように語ったあと、たかし君はしばらくじっと考えていた。

「このお話での死を経験したのは、看護師になってから何年目のことですか？」と尋ねると、「五年目ですね」とたかし君は答えた。「今、お話してくれたことを、院内の勉強会で報告したことはありますか？」とさらに聞くと、「事例の報告をしたのは二年目なので、こんなふうに患者さんやご家族の心理を取り上げることはまだできていません。同期の看護師が、臓器移植の手順について報告しているので」と答えた。

「では、たかし君にとって、私にお話していることというのは、本当に大きな看護観の変化だったんですね。患者さんを人として見る、というか……」と私が言うと、「そうですね」とたかし君は答えた。「でも、人として見るというのは私の言葉だから、それが本当に当たっているのかどうかは分からないけれど……」と私が返すと、たかし君は私の言葉に重ねるようにして次のように答えた。

人として、というか……確かに手術室で看護師として携わっているとき、一般の人から見たら手術の場所は血が出て気持ち悪いとかするんでしょうが、実際に就いているとそういったことは考えなくて、手術する場所しか見えませんし、患者さんが安全に手術を行うためにはどうしたらいいんだろうということだけを考えてやっています。つまり、手術中は手術のことだけを考えているんです。

確かに、配属が決まって一～二年目のときは看護師らしくないと思っていました。看護学生時代の実習中とかに患者さんとかかわって、患者さんに対する自分の思いを考えたりもしていました。しかし、手術室の中では、手術する場所以外には患者さんの身体に傷をつくらず、合併症とかも引き起こすことなく病室に戻ってもらうということだけが目標になりました。

看護師には器械出し（一三一ページ参照）という役割と外回りという役割がありますが、一年目というのは全身麻酔で意識のない患者さんばかりについていて、なおかつ器械出しをするという指導体制もあったので、それができないとほかに何も見えてこないという状況だったと思います。そのときは、途中で、ただ器械をわたしているだけだと思ったこともありましたね。意識がある患者さんと外回りのときにかかわれるようになってきたとき、「看護師」としてやってるかなと思いはじめました。どちらも、看護師としては必要な業務なんですが……。

三年目くらいになって、やっと患者さんとちゃんとかかわれているかなと思いました。そこで、何とか看護師が楽しいっていうか、何て言うのでしょうね。自分でできるようになってきたなと思えた時点で、看護師らしいと思えるようになりました。

「今は、どうですか？」

二〇一九年度から、たかし君は看護大学の助手になると聞いていた。「なんで、教員になろうと思ったの？」と私が重ねて尋ねると、たかし君は新しい希望と期待を見つめるような目をして、ゆっくりと答えた。

後輩の相談に乗っていたり、後輩の勉強会のときに助言をしていたりしてたんですが、その勉強会のとき、後輩が「あんまりうまくできなかった」と言って泣いてる様子を見ているうちに僕自身も泣けてきました。悔しいと思わせてしまったことが僕自身も悔しくて、もっとちゃんとお尻を叩いてやらせればよかったと思ったんです。

でも、文句ばっかりを言っていた後輩を育てていくうちに、「嫌な気持ちも分かるけど、もっとやらないといけないっていう気持ちも分かる」という発言が聞かれるようになって、「育てる」という教育的な場所に身を置いてみたいと思いはじめたのです。今、この時期に教員になろうと決めたのは、その後輩にかかわったことが理由だと思います。

三〇歳を超えてから大学助手になった私は、二七歳という若さでたかし君が大学の助手として勤務し、教員を目指すことに少なからず驚きを感じていた。しかし、若々しく新鮮な「臨床の『知』」が、看護師を目指す学生たちに伝えられるということはとても意義深いことである。たかし君の語りのバトンが、今後どのように受け継がれていくのか。新しい職場に期待を膨らませているたかし君の嬉しそうな表情に、私も大きな激励と期待を寄せてみることにした。

5　語れない死の語りがあった

ここまで、ズッキーさんとたかし君という若手看護師による「死の語り」を示してきた。たかし君の語りにおいて少し触れたが、実はズッキーさんの語りにも、非常に印象的すぎる死の語りがあった。その語りの最初、ズッキーさんは「手術室経験が五年目なんですけど、脳死下移植があったんです」と言っていた。切り出された話題が「脳死」だったので、たぶん私は驚いた表情をしたのだろう。すぐにズッキーさんは、「脳死の移植。臓器提供」と言い直してくれた。

脳死——そうか、現代の手術室の看護においては、あるいは現代における看護での死の語りでは、その話が出るのも当然である。とはいえ、私は動揺しながら話を聞いた。ズッキーさんは、ドナーとなる患者さんの家族が、「行ってらっしゃい、頑張ってね」と手術室に送り出す姿に、「死と生を非常に考えさせられた」と語っていた。

私にとってラッキーだったのは、ズッキーさんとたかし君の死の語りを聞いたことで、「そういえば、私は臓器移植について何も知らなかった」という事実に気づけたことである。臓器移植と看護についての議論が、今、どのようにされているのかについてやはり知っておきたいと私は考えるようになった。

そこで、「サイニィ」で論文検索をし、二〇一九年より一〇年間遡って発行された論文を取り寄せて読んでみることにした。私が理解した「臓器移植」と「看護」、「ドナー」にかかわる論文から分かったことを、私なりにここでまとめておきたい。

論文を読みはじめてすぐ、私はドキッとした。「臓器移植には、生体臓器移植、死体臓器移植（心臓死、脳死）がある」(7)と書いてあった。死体か……そのとおりだ。遺体ではないんだ。心がズキッとした。痛いというより、何かにつかまれて心がグシャっとした感じだった。さらに論文を読み続けた。

（7）　林優子（二〇一三）「臓器移植における倫理的な看護場面での看護師の苦悩——一事例の分析を通して」『大阪医科大学看護研究雑誌』第三巻、一二〇ページ。

臓器移植は、臓器提供を受けるレシピエントの生命予後や生活の質（Quality of Life：QOL）が改善されるときに、臓器移植の適応があり、（中略）危機的状況にある患者やその家族にとって重要な治療法である。臓器移植は一九六〇年代から欧米ではじまり、一九八〇年代の免疫抑制剤の開発は飛躍的に伸びることになった。

通常医療は個々の患者を対象とするのに対して、臓器移植は臓器の提供を受けるレシピエントだけでは成立しない。一九九七年一〇月には臓器の移植に関する法律（臓器移植法）が施行され、日本でも脳死後の臓器提供が可能となった。(8)

別の論文には、「二〇〇九年七月一七日『臓器の移植に関する法律の一部を改正する法律（法律第八三号）』（以下、改正臓器移植法）が全面施行され」、「改正後は脳死下での臓器摘出要件が大幅に緩和され、本人の臓器提供の意思が不明な場合も、家族の承諾があれば脳死判定・臓器提供が可能となった(9)」と書かれていた。

脳死臓器提供者（以下、ドナー）を見ると、性別は男性、年代別では五〇代がもっとも多く、その原疾患はくも膜下出血、脳出血、脳梗塞、蘇生後脳症（蘇生後脳症とは「心筋梗塞、溢首、一酸化炭素中毒などの要因で、三分から五分以上心停止の状態となり、脳への酸素供給が途絶すると、仮に自己心拍が再開しても蘇生後、高次脳機能障害が後遺症として残る場合が多く、医学

なっていた。的に『低酸素脳症』という診断の範疇に含まれる状態のことをさす」[10]）、頭部外傷、脳腫瘍の順と

五〇代、くも膜下出血か……私だ。また、心がズキッとした。

さらに、臓器移植と看護についての論文を読んでみることにした。「ドナーの担当看護師、もしくはドナーやドナー家族へのケアに参加した、面会に同席した」看護師の看護ケアについての論文があった。

「Gift of Life と称される臓器提供は、提供者や家族からの無償の贈り物であり、提供にかかわる医療従事者は、提供者の家族が、臓器や組織の提供の過程に不全感や不快感、後悔がないようにサポートする必要がある」。とはいえ、「日本において、臓器提供とその患者や家族の看護について経験のある看護師が少なく、さらに脳死や臓器提供についての知識不足から対象患者や家族へのかかわりに看護師はストレスを感じている」という研究調査の対象となった、臓器提供時の

(8)　田村裕子他（二〇一八）「わが国の臓器移植における精神的側面に着目した看護研究の文献的考察」『三重看護学誌』第二〇号、八七ページ。
(9)　倉田真由美（二〇一五）「改正臓器移植法における親族優先提供をめぐる議論の批判的検討」立命館大学生存学研究センター『生存学：生きて在るを学ぶ』第八号、六五ページ。
(10)　倉田真由美（二〇一五）前掲論文、六六ページ。データは二〇一三年五月時点。

困難感を抱く看護師の移植についての教育背景が次のように示されていた。「施設の院内講演会への参加」が六六・七％、看護基礎教育で学んだ人は一一・一％、教育はまったく受けてないと回答した看護師さんが一一・一％だった[11]」また、ほかの論文には、「看護師が能動的に自己学習を行っていることは、看護実践に影響を及ぼす」という結果が示されていた[12]。

論文探索をさらに続けると、学部生時代の臓器移植についての教育に関してまとめられていた論文を見つけた。成人看護領域で、「移植医療の現状や問題点について、一部分ではあるが学生は捉えることができた。しかしながら、学生が看護師になり、倫理的側面における判断能力を身につけるには、もう少し踏み込んだ内容、つまり情報開示のあり方、脳死判定基準や判定方法の問題、ドナーやその家族・レシピエントの移植後の心理的変化なども学習する必要があると考える。今後移植医療について学べるよう、授業時間の確保も考える必要がある。今後、看護師としてこのような複雑な現場に立つであろう学生に対し、患者やその家族に適切に対応していく能力が身につくよう、教授方法や内容についても十分検討する必要がある」と、教育以上の課題が示されていた[13]。

この論文の研究対象となっている学生さんたちは、ドナーの家族への「メンタルサポートの必要性」について、看護師となるうえでの援助という点から授業後のレポートに記述していた。そして教員からは、「複雑な意思決定の場面に遭遇したときのための判断能力を身につける」必要性が指摘されていた[14]。

「脳死下臓器提供における手術室看護師の役割」が示された論文にも、私は目を通した。そこには、「脳死下臓器提供の流れ」が示された表があった（**表３－２**参照）。そして、移植手術における今後の課題として、「脳死は、法律的には『死』であるが、手術室入室後には心臓が拍動しており、退室時には心臓が停止しているので、担当する看護師はとても複雑な気持ちになる。しかし、手術室看護師は患者・家族の意志を尊重し、手術が安全かつ円滑に行われるよう、前日の準備、術中の対応など、ほかの患者と同様に看護を行う必要がある。例えば、『心臓の提供を受けた患者さんの心拍が再開したことを伝えること』『臓器移植について教育すること』で、経験の浅い看護師が深くショックを植えることがないよう支援していく[15]」ことの必要性が示されていた。

（11）永野佳代他（二〇一六）「臓器提供時の看護師の困難感とEnd of Lifeケアへの課題」『日本クリティカルケア看護学会誌』第一二巻第三号、七三ページ。
（12）田村南海子他（二〇一八）「脳死下ドナー家族への看護ケアに関する実態調査―看護師の看護ケアに対する必要性の認識と実施率」『日本救急看護学会雑誌』第二〇巻第一号、一八ページ。
（13）川久保和子他（二〇一五）「成人看護学領域における移植医療教育に関する文献検討」『看護学研究紀要』第三巻第一号、四二ページ
（14）川久保和子他（二〇一五）前掲論文、四三～四四ページ。

表３－２　脳死下臓器提供の流れ

臓器提供の流れ	各スタッフの動き
①脳死とされうる状態と判断	・法的脳死判定（無呼吸テストを除く）に準じて施行する。 ・18歳未満では、被虐待児でないことを確認する。
②家族がコーディネーターとの面談を希望	・家族からの申し出や医療スタッフによる臓器提供の意思確認で希望を確認する
③移植コーディネーターへの連絡	・各医療機関が都道府県臓器移植コーディネーターまたは日本臓器移植ネットワークへ連絡する。
④コーディネーター訪問（院内体制の確認・医学的情報収集）	・コーディネーターが院内体制の確認や医学的適応・脳死とされうる状態・家族状況などについて情報収集を行う。
⑤家族へ臓器提供について説明	・コーディネーターは臓器提供の流れなどを説明し、拒否も含めた本人意思の有無や家族背景や病状などの理解状況を確認する。
⑥臓器提供に関する家族の承諾	・コーディネーターは脳死判定承諾書および臓器摘出承諾書の作成、問診票による問診を行う。
⑦法的脳死判定（１回目） （６時間以上の間隔［６歳未満：24時間以上］）	・コーディネーターは臓器提供意思登録の確認（ネットワーク）と採血（ネットワークにて感染症検査・移植候補者選定のための検査）を行う。 ・第２次評価としてメディカルコンサルタントによる診察が行われる。 ・手術室担当コーディネーターによる手術室調整が行われる。
⑧法的脳死判定（２回目）（死亡宣告、検視［必要時］）	・提供施設の脳死判定医は脳死判定記録書、脳死判定の的確実施の証明書を作成する。
⑨摘出チーム来院	・第３次評価として摘出チーム医師による診察を行い、摘出チームは手術室へ移動する。 ・コーディネーターの進行のもと手術室内で摘出前ミーティングを行う。
⑩臓器摘出手術	・器材展開→ドナーの手術室入室・準備→黙祷→執刀→最終評価→全身へパリン化→臓器摘出→臓器搬送の順番で行う。
⑪エンゼルケア・お見送り	

出典：中村善保（2015）「脳死下臓器提供における手術室看護師の役割（ドナー編）」『OPE nursing』第30巻第６号、97ページ

また、看護師による「看護実践の困難」に対して、「もっと国民に対して教育が必要である」という指摘もあった(16)。

そうか。確認できる現在の研究成果から見ると、ドナーとなったご本人や家族の看護実践についての論文はある。臓器移植の看護の困難感があっても、教育の機会は少なく、能動的な自己学習に委ねられている。国民も学習する必要があるということだ。しかし、臓器移植において「どう看護するか」についての研究はあるが、その困難感を口にし、振り返ることはあまりされていないということだ。また、インタビューでズッキーさんとたかし君が語った家族の事例に、ピタリと当てはまる事例を扱っている研究論文はまったく見当たらなかった。

ズッキーさんとたかし君を紹介してくれたベテ

---

(15)　菊池京子（二〇一二）「臓器移植における手術室看護師の役目と今後の課題」『OPE nursing』第二七巻第一一号、九六ページ。

(16)　野村倫子他（二〇一九）「救命救急センターにおける脳死とされうる状態の患者の家族に対する看護の実態と困難」『大阪大学看護学雑誌』第二五巻第一号、七七ページ。

伝達

ラン看護師のりょうさんによれば、前述したように、たかし君は二〇一九年四月から大学の助手になるということだった。現場から教員となったたかし君は、どんなふうに自分の体験に基づいた教育をしているのだろうか。

考えてみると、ズッキーさんとたかし君の語りが聞けたことは、本当に稀有で貴重な機会となった。いつかまた、そのときが来たら、研究倫理に配慮した研究成果として発表し、二人の「死の語り」が必要とされる人に届くことを願いたい。

さあ、また新たな研究を進めることにしよう。りょうさんとズッキーさん、たかし君、そして「死の語り」をしてくれた看護師たちに対する心からのお礼と感謝を、そこに込めることにした。

第4章　わたくしさまの観音様
――『孤独死の看取り』の現場における死の語り

1　「バッハ」と猫

「嶋守さんが山谷《さんや》に来てから、もう一〇年以上になるんだね」

二〇一九年二月一六日に開催された「山谷地域の『介護・看護のお仕事説明会』」に私が参加した折、吐師《はし》秀典さんが感慨深げにそう言った。吐師さんは、『孤独死の看取り』を書いたときに大変お世話になったNPO法人「友愛会」（以下、友愛会）の理事長である。

吐師さんが参加者に山谷の歴史を説明しながら案内するこの説明会は、この日で八回目だった。JR南千住駅に午後一時に集合し、回向院《えこういん》、隅田川貨物駅、城北労働福祉センターの前を通り、ドヤ街を抜けて山谷労働者福祉会館（日本キリスト教団日本堤伝道所センター）や城北労働福祉センターの娯楽室の前を通り過ぎた。土曜日にも開所しているデイサービスを覗き、アーケードが撤去されてしまった「いろは商店街」などを歩いた。そして、泪橋《なみだばし》。マンガ『あしたのジョー』（高森朝雄原作、ちばてつや画）の舞台だが、矢吹ジョーの像には行かなかった。

通り過ぎようとしたある住宅の前に、小さな花束が生けられていた。花瓶は、日本酒ワンカップの容器だった。花たちは寒さに凍えて色と水を失い、しおれていた。

「最近、ここで亡くなった方のだね。誰かが手向けたんだろう」

底冷えしきった路上で亡くなった人がいたのだ、ということを忘れないために、私はその場所を写真に収め、そっと手を合わせた。

山谷の小さな花束

「休憩もなしにずっと歩いてきましたので、みなさん疲れたでしょう。終了時間にはまだ早いですが、ここで解散することにしませんか」

時計を見ると、四時を少し過ぎていた。

あとで分かったことだが、この説明会には、私が卒業した東京純心女子高等学校の先輩にあたるサカイさんが参加していた。山谷で炊き出しをしているという[1]。吐師さんやサカイさんたちに挨拶をし、私は山谷に来たら必ず訪れる「自家焙煎珈琲屋バッハ」に小走りで向かった。グーグルマップを見なくても、自然に足が向かうことが嬉しかった。

私は喫茶店が好きだ、カフェよりもずっと。二〇一九年の三月に閉店してしまった浅草の「アンヂェラス」が大好きだった。「川端康成、手塚治虫、池波正太郎、永井荷風、太宰治といった文化人が好んで通っていたのよ」と、拙著『孤独死の看取り』においてインタビューを掲載させていただいた「ホテル白根《しろね》(2)」のおかみさんに教わった。

それ以来、浅草に行き、浅草寺をお参りしては必ず「アンヂェラス」に立ち寄っていた。中学校を卒業して以来、三三年ぶりに再会した友人とも、浅草のお友だちであるクマさんとも、アイスコーヒーに梅酒と青梅を入れていただく梅ダッチコーヒーをすすった。「純喫茶宣言！」という特集に惹かれて購入した雑誌で「アンヂェラス」が閉店したという記事を見つけたとき、(3)私は大声で絶叫して落胆したことを覚えている。

「アンヂェラス」で梅ダッチコーヒーを

(1)　東京都台東区日本堤1-23-9　TEL：03-3875-2669

(2)　〒111-0022　東京都台東区清川2-37-2　TEL：03-3874-5383

「アンヂェラス」とともに思い出深く、絶品きわまりないのが「バッハ」のブレンドコーヒーだ。「紅茶派でコーヒーがお好きではなかったクリントン大統領が、沖縄サミットで出されたバッハのコーヒーを飲んで、すっかりコーヒー党になったのよ」と、「ホテル白根」のおかみさんが教えてくれた。細野晴臣さんも、「おいしいコーヒーを飲みたいときは台東区の日本堤まで行くし。バッハっていう店があるんだけど、あそこのコーヒーはすばらしいよ[4]」と言っている。

「バッハ」の看板

お店に着いて中に入ると、なぜか必ず案内される一番奥のカウンター席に座って、お土産のコーヒー豆を注文したあと、私はその「すばらしい」ブレンドコーヒーを静かにすすった。

細野さんと鈴木惣一郎さんが著した『とまっていた時計がまたうごきはじめた』に載っている「対話3」では、細野さんと鈴木さんが「バッハ」で対談をしている。鈴木さんは、「今日は日本堤に来てるんですが、ぼくは初めて来たんです。このお店に来る途中に、突然ホームレスの人に話しかけられたりしました。『モニャモニャ』って、なんかジャマイカの人みたいな感じでした[5]」

と言っている。

ここまで「山谷《さんや》」と書いてきた。細野さんの本の話に関しては理解できるが、山谷というところにあまり馴染みがない人もいることだろう。仮に、映画『山谷《やま》　やられたらやりかえせ』（一九八六年）を知っており、「日本堤」がどこにあるのかを知っていても、山谷がどんな場所だったのかについて知らない人のほうが多いかもしれない。吐師さんが理事長を務める「友愛会」のホームページに山谷についての説明があるので、引用しておこう。

（山谷は）現在の住居表示で言うと、東京都の台東区清川、日本堤、橋場と荒川区の南千住にまたがる地域を指す。戦後の復興期から高度経済成長期にかけて、東京の土木・建築業などに従事する日雇労働者が多く住み、季節労働者や出稼ぎの人も多く集まっていた。「日雇労働者市場」とか「寄せ場」と言われていて、大阪の西成区（あいりん地区：釜ヶ崎とも言

（3）吉本真一（二〇一九）「喫茶人対談　街の日常を味わう」『東京人』第三四巻第六号、三四ページ。九四ページにはお店の看板の写真がある。
（4）細野晴臣・鈴木惣一郎（二〇一四）『とまっていた時計がまたうごきはじめた』平凡社、三一ページ。
（5）細野晴臣・鈴木惣一郎前掲書、九六ページ。

う）、横浜の寿町と共に「三大寄せ場」と言われていた（「寄せ場」、「日雇い労働者市場」共に差別的な言葉と言われることもあるのでこの表現はこの先は使いません）

日雇い労働者の人達は、その名のとおり「日雇い」での就労なので仕事があるときもあればないときもある。もちろん、本人が仕事に行かなければ仕事もしない状態になる。そうなるとお金がないのでドヤ（簡易旅館）に泊まれず、野宿をすることになってしまう。これを労働者の人達は「アオカン」と言っている。語源は「青空簡易宿泊」の略だと言われているが本当のところはわからない。今で言うところの「路上生活者」や「ホームレス」に近いのであろうが、そういう意味では、山谷地区では道端で寝転んでいる人というのは昔から珍しくなかった。

歴史的には、江戸時代から山谷地区の原型はあり、木賃宿（食事を提供しない素泊まり専門の旅館）が多く立ち並んでいたようである。その頃は日光街道の江戸方面の最初の宿場町であった。山谷地区のシンボルとも言える「泪橋交差点」は、現在は交差点の名前だけで橋はないが、昔は橋があり、橋を越えたところに「小塚原処刑場」があったことから、囚人やその家族などが涙したとして「泪橋」となったと言われている。処刑場の近くであって、しかも近くには遊郭「吉原」があったため（今でも近くに吉原のソープランド街がある）、表現が悪いが下層階級の地域であったと言える。

近代になり、戦前より既に多くの貧困層や労働者が居住していたが、戦後になると、東京都とGHQによって戦争被災者のための仮の宿泊施設（テント村）が用意され、これらが本建築のドヤへと変わっていったようである。一九六〇年代以降、山谷地区では、警官と労働者の間で何度も暴動（山谷騒動）が起こった。つい最近まで「一人では恐くて歩けない」というイメージができてしまったのはこの暴動のイメージからであろう。「山谷」という地名は、一九六六年の住居表示改正でなくなってしまった。(6)

「泪橋ホールの餃子が美味しいですよ。吐師さんのお友達のお店なんですよ。嶋守さん、ぜひ行ってみてください」

このように教えてくれたのは、「友愛会」のスタッフ、田中健児さんだった。田中さんは、山谷だけでなく、アディクションセミナー開催などと

(6)　山谷地区について。ＮＰＯ友愛会ホームページ https://you-i-kai.net/sanya.html、情報取得日：二〇二〇年四月二九日。

山谷の地標

いった貴重な情報を普段から私に教えてくれる人だ。

泪橋交差点から東へ一〇歩ほど行った角に、モルタル造りの二階家があった。かつて、吉野通りに面していたその一階には、白に黒く「丸善食堂」とだけ書かれた暖簾《のれん》が入り口いっぱいに掛けられていた。今はその一軒隣の場所が、深緑色の看板が印象的な「映画喫茶　泪橋ホール」となっている。

泪橋の交差点

ここでは、おじさんたちが好きそうな映画の上映会や音楽会などといったイベントが開催されている。店長を務めるのは、玉姫公園で山谷の一二〇人の男たちのポートレートを撮影した多田裕美子さんである。

多田さんが小学校に上がったばかりの一九七二（昭和四七）年から二〇〇一年までの二九年間、ここはご両親が営んでいた「丸善食堂」だった。「東京山谷の玉姫公園で開いた青空写真館で出会った男たち、両親が営んだ山谷の食堂に集まった人々を記録した」という多田さんのフォト&エッセイ集『山谷ヤマの男』のページをめくっていくと、その厨房で一匹の猫が誇り高い眼力で

こちらを見ている写真があった。(7)

そういえば、田中さんの案内で初めて山谷を歩いたとき、誇り高い目で、「お上の世話にはならない」と言っていた路上生活の女性がいた。その人は、飼っているという猫に、「白身しか食べないから」と言って、一番高価なキャットフードの缶詰を嬉しそうにあげていた。

本書の原稿を書きながら、こんなことをふと思い出していた二〇二〇年三月、岐阜市の河渡《ごうど》橋付近で、住所不定無職者の渡辺哲哉さん（当時八一歳）が襲われて死亡したという事件が起きた。新聞の見出しには、「ホームレス男性殺害容疑　逮捕　岐阜5少年　投石など暴行か　2人は致死容疑」と書かれていた。少年たちは一九歳で、大学生もいたという。記事には次のように書かれていた。

> 渡辺さんは、JR岐阜駅から西へ4キロの長良川と伊自良《いじら》川の合流地点付近の河渡橋の下で、知人女性（58）と生活していたという。

(7)　多田裕美子（二〇一六）『山谷　ヤマの男』筑摩書房、三、九、一五ページ。

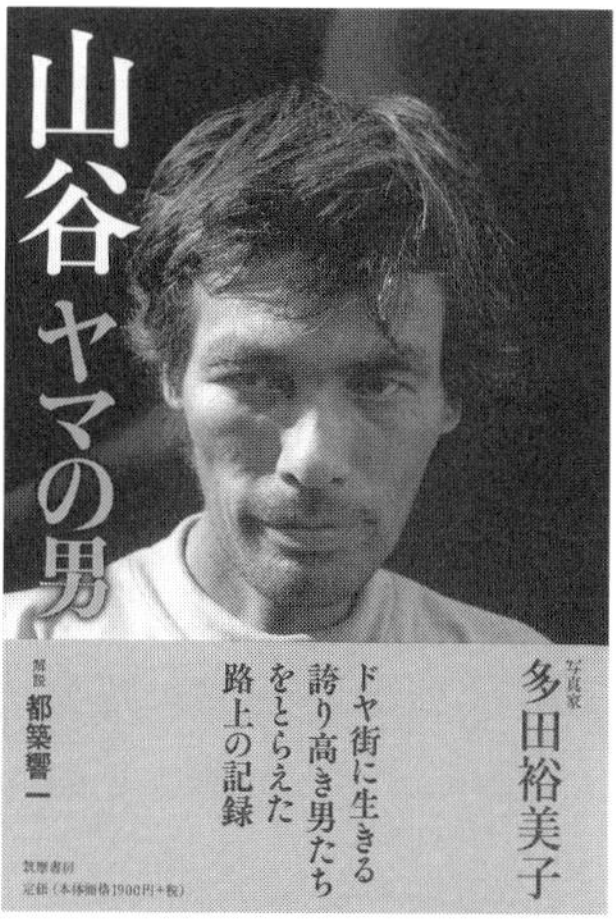

『山谷ヤマの男』の書影

3月25日午前2時ごろ、橋の下に女性といたところ、何者かに石を投げつけられた。２人は約1キロ北へ逃げたが、女性が後ろを振り向くと、渡辺さんが路上で倒れており、１１０番通報したという。

渡辺さんは同日、搬送先の病院で死亡が確認された。死因は脳挫傷と急性硬膜下血腫だった。県警が殺人事件として捜査。現場付近の防犯カメラの解析や近隣住民への聞き込みで5人の関与が浮上した。[8]

渡辺さんは、「三月中旬から少なくとも四回、何者かに投石される」被害を受けていた。渡辺さんと一緒にいた女性は、少年たちのことを、「勝手に来て、ホームレスを馬鹿にして、おもちゃみたいな感じで……渡辺さんをいたぶった。私たちを」[9]と証言している。

「不平や不満を言わず謙虚に生きる、心が豊かな人だった」という渡辺さんは、「自分には学がないから」[10]と言って図書館で読書に励んでいた。「（渡辺さんの）知人らによると、渡辺さんは約二〇年前から、岐阜市の河渡橋の下でテントをはって生活し、空き缶集めで生計をたてていた。行政や県警から生活保護の受給や転居を促されたことも」あったが、「納税の義務を果たしていないので受け取れない」と断っていたという。

渡辺さんの記事の最後は、渡辺さん自身の言葉で結ばれていた。

「猫を飼っているのでここから離れられない」、と。

2 「友愛会」というところ

山谷は社会福祉の町になった、と拙著『孤独死の看取り』に書いた。その経緯について、「友愛会」のホームページには次のように説明されている。

――九〇年代前半、バブル経済の崩壊を期に、山谷地区は衰退の一途をたどる。土木建築業は一気に低迷し、仕事を失う日雇労働者が多くなった。それに合わせたかのように、日雇労働

（8）〈朝日新聞〉二〇二〇年四月二四日付朝刊。二〇二〇年五月一六日付の〈朝日新聞〉では、殺人容疑で逮捕された無職の元少年（20）を傷害致死罪、傷害致死容疑で逮捕された19歳の男子大学生2人は「被害者が居住するテント付近まで行ったことは認められるが、暴行を共謀していたと認める証拠はなかった」と不起訴処分になったことが報じられていた。

（9）少年たち「おもちゃみたいな感じでいたぶった……殺害されたホームレス男性と一緒にいた女性が証言、メーテレニュース、二〇二〇年四月二七日、https://www.nagoyatv.com/news/?id=000786、情報取得日：二〇二〇年四月二九日。

（10）〈朝日新聞〉二〇二〇年四月二三日付夕刊。

者自身も歳をとった者が増え、体を悪くする者が増えていた。

　それまで山谷地区でボランティア活動をしていた団体は、炊き出しや無料の診療所などで路上生活者やドヤの生活者を支援してきたが、収入がなくドヤで生活出来なくなって路上に行き、高齢で体も弱くなって路上生活に耐えられなくなる人がとても増えてきて、食事や医療だけでは解決策がみい出せなくなってきていた。路上で倒れ、救急車で病院に運ばれて、治療が終わっても路上に帰すわけには行かないし、そのようになる恐れがある人も多くなっていた。(11)


　こうした状況に対応するために、山谷地区で古くから活動している「NPO法人山友会」のスタッフやボランティアが、任意団体としての「友愛会」を立ち上げた。二〇〇〇年四月には、男性用の宿泊施設「友愛ホーム」をつくり、利用者が住む場所の支援をはじめた。その後、二〇〇一年六月に特定非営利活動（NPO）法人を取得している。

　運営していくためには、その資金が必要となる。スタッフたちは知恵を寄せ合い、勉強するなかで、生活が営めない人たちを守る生活保護という制度を使えばホームの利用者を支援できることが分かった。本人たちが受給した生活保護費で、宿泊費と食費などといった料金を、生活に負担がかからない程度で負担してもらう。そのうえで、住む場所を提供するだけでなく、日常の介

コラム

特定非営利活動法人山友会
(https://www.sanyukai.or.jp/aboutus)

1980年代当時、山谷地域は「日雇い労働者の町」と言われていた。日雇い求人は肉体労働がほとんどで、男ばかりの町だった。労働者達は厳しい生活のなかで共に働き、共に呑み、男同士の付き合いがあった。そんななか、肝硬変やてんかん発作、高血圧、火傷や怪我などで体を悪くする人々が多くいた。そのため1984年10月17日に無料診療所をメインとして「山友会」がオープンした。

当初は玉姫公園のそばの木造2階の建物を借り、2階でクリニックの受付をし、1階では100人以上の炊き出しづくりをしていた。1985年には三ノ輪駅の近くの建物を借り、高齢者が気軽に寄り合い、集まることのできる場所を設けた。クリニックに通う患者も次第に増え、医者や看護師も増えた。もちろん、炊き出しをもらいに来る人々も増えた結果、近所よりクレームが続出したため、山友会自体で場所と建物を確保せざるを得なくなり、1989年、現在の所在地に土地を買い求めて3階鉄筋コンクリート造りの建物を建て、相談室、クリニック、高齢者の寄り合える場所を造った（〒111-0022　東京都台東区清川2丁目32番8号　TEL：03-3874-1269）。

その後、日本経済の変化とともに日雇い労働者の仕事も減り、50～60歳代の失業者が山谷周辺に溢れるようになった。隅田川沿いでのテント生活や路上生活など、厳しい環境で生活する人々の体力面での低下が目立ちはじめ、クリニックに来る人々は年々増え続けた。これらをふまえて山友会は、他の民間の支援団体、区役所、病院、福祉施設などとの連携を取るため、2002年3月19日にNPO法人格を取得し、現在に至っている。

屋根があった当時の「いろは商店街」

護や生活するための支援や相談などを行っていくことにした。

活動を続けていくと、生活保護を含む福祉政策の実施機関である福祉事務所から、行き場所がないために福祉サービスの利用へとつなげてよいのかどうか分からない人たちに対する支援を友愛会に依頼するというケースが増えはじめた。また、女性への支援依頼も増えて、友愛会は女性用の宿泊施設である「やすらぎの家」や「STEP-UP HOUSE」をつくっている。

精神障がいや知的障がいがあり、それぞれの施策や制度だけでは社会福祉のサービスが受けられない人たち、刑務所を出たあと、身寄りがないために生活が営めない人などが宿泊施設に入所してくるようになった。さらに、「ホテル白根」のようなドヤ(12)で生活していた利用者が高齢となったため、介護や生活上の援助も必要になってきていた。その人たちの多くが、持病を抱えていた。

そこで友愛会は、二〇〇三年七月に「訪問看護ステーションゆうあい」と「ヘルパーステーションゆうあい」を設立することにした。現在は、精神障がいや薬物・アルコール依存症といった人たちに専門的な援助が届けられるような体制がとられている。

社会福祉制度や支援システムがあっても、その枠組みからもれてしまう隙間が必ずあるものだ。友愛会は、そうした「隙間を埋めていく活動」をしていると、友愛会のホームページに書かれている(13)。また友愛会は、定期的にニュースレターも出している。その記事にも、「隙間を埋めていく活動」や、友愛会の支援についての考え方が示されている。

最近の出来事　〜小さな自由が必要だった〜

窃盗など前科一四犯という八〇歳代で高齢累犯のAさんは、三年半前に友愛会にやってきた。一番短い時だと、刑務所を出所して一ヶ月に満たない期間で再犯をしてしまっていた。特に高齢になってからは、出所後から再犯までの期間は長くても一年程度であった。

そんなAさんが友愛会に来てから三年半以上が経過したのだ。スタッフに文句を言ったり、他の利用者と険悪になったりしながらも再犯には至っていない。何故であろう。

ここ数年で刑務所出所者の入所依頼は数十名程度ある。友愛会にやってくる「行き場のない人たち」は、病気であって身寄りがなくお金がないことに加えて、路上生活者→高齢者→障がい者→前科者と変化してきている。この「→」の意味は加算である。つまり、現在の友愛会への依頼の多数は「路上生活の経験がある高齢で障がいがあり受刑経験のある人」ということである。

(11) ＮＰＯ法人友愛会の沿革　https://you-i-kai.net/profile.html、情報取得日：二〇二〇年四月二九日。
(12) 主に日雇労働者を対象とした簡易宿所のことで、「宿（やど）」を逆さまにした言葉。
(13) ＮＰＯ法人友愛会の沿革　https://you-i-kai.net/profile.html、情報取得日：二〇二〇年四月二九日。

Aさんに限らず、友愛会にやってきた彼らのほとんどは再犯せずに日々を過ごしている。再犯防止プログラムなど一切行っていない友愛会において不思議なことだともいえる。関係機関などからも「友愛会さんはやっぱりすごいですね。みんな再犯しなくなりますもんね。どんなかかわりをしているんですか」などと訊かれるのだが、当の友愛会スタッフは一様に特別なことは何もしていないと話す。実際、我々は特別なことは何もしていない。では、何故再犯をしないのか……。実は、その質問自体が〝さかさま〟なのであろう。問うべきは「何故再犯するのか」であろう。「友愛会は特別なかかわりをしていないのに何故再犯しないのか」と考えていては問題の本質を見誤る。

世の中の多くの場面で彼らが「生きづらく」感じるかかわりをしているから再犯するのである。つまり、彼らに対する偏見や差別があればあるだけ彼らにとっては「生きづらい」のは必定であり、友愛会という場面ではそれがないだけであろう。例えば、窃盗するかもしれないからといって、買い物や外出の折に意味深な態度や発言を（される：括弧内筆者）本人にするならば、彼らはどう感じるであろう。

誰も信じてくれないし自由もないと思うのではないであろうか。[14]

友愛会はそんな小さな自由をつぶさないだけである。

「小さな自由をつぶさない」――これが、いつかおひとりさまになったら、私は友愛会の支援を受けたいと思う大きな理由である。寝たきりになり、生活のすべての介助が必要になったとしても、私は私なのである。私から小鳥と暮らす自由を、最期まで奪わないでほしいと心底思っている。それさえ叶えられたら、私は聞き分けのよいおばあちゃんになってあげてもいい。

3　夢の跡を探しに

三ノ輪にある薄幸不運な遊女たちの「投込み寺」と呼ばれている浄閑寺《じょうかんじ》に縁《ゆかり》が深い文学者といえば永井荷風（一八七九～一九五九）である。永井荷風の短編小説『畦道』に、「わたしは友達とつれ立って、彼が十年前の夢の跡をさがしにと、散歩に出かけた[15]」という一節がある。

二〇一八年一二月二日、私が「つれ立って」友愛会に出向くつ

（14）友愛会（二〇一七）「友愛会ニュースレター　小さな絆」二〇一七年第四号。

（15）浄閑寺（一九六三）『浄閑寺と永井荷風先生』、四ページ。永井荷風（一九四六）「畦道」、永井荷風（二〇一九）『葛飾土産』中公文庫、一二四ページ。

浄閑寺

もりにしていたのは、本書の出版社である新評論の武市さんだった。しかし、武市さんは、約束していた時間よりも先に友愛会に着いていて、吐師さんと山谷地域に関する歴史の本を出版するための相談をしていた。だから私は、武市さんと「つれ立って」友愛会に行くことができなかった。それに、友愛会には「散歩」に来たわけではなく、吐師さんの「看護師の死の語り」をうかがうために私はやって来た。

なぜ、ここまでまどろっこしく書くかというと、この日の私はとても緊張していたからだ。本書にインタビュー内容を書くことについての同意書に記入していただいてから吐師さんへのインタビューをはじめると、武市さんが吐師さんに矢継ぎ早に質問をしはじめた。このときの私は、きっと誰から見ても頼りなく、サポートを必要としているように見えたのだろう。

本当に情けない、私は。いつまでたっても。しかし、友愛会について書くことは、私にとっては「一〇年前の夢の跡を探しにいく」ことであった。私は山谷に来てからずっと、友愛会について書きたかったのだ。

さあ、吐師さんのインタビューを書いていこう。しかし、その前に、やはり吐師さんがどのような看護師・保健師なのかについて紹介しておく必要がある。

二〇二〇年三月一九日、一般社団法人「生きにくさを抱えた障害者等の支援者ネットワーク」が主催する「第二回　生きにくさネットセミナー」が開催される予定だった。しかし、新型コロナウイルス感染予防のために延期となった。配布されることになっていたチラシに掲載されていた講師紹介、そして私のインタビューの同意書には、吐師さんの経歴が以下のように記されていた。

吐師秀典（はし　ひでのり）氏　保健医療学修士

一九七六年生まれ（四三歳）

高校生の時から山谷地区に入りホームレス支援・生活困窮者支援活動をする。二〇〇〇年に友愛会を設立。生活困窮者支援や精神科訪問看護活動をするかたわら、行政機関での精神障がい担当保健師や、看護専門学校や救急救命士養成校、日本赤十字秋田看護大学などで教鞭もとる。現在は友愛会理事長の他に、プライマリーヘルスケア研究所代表理事、NPOえんい理事、また複数の大学で非常勤講師などをしている。

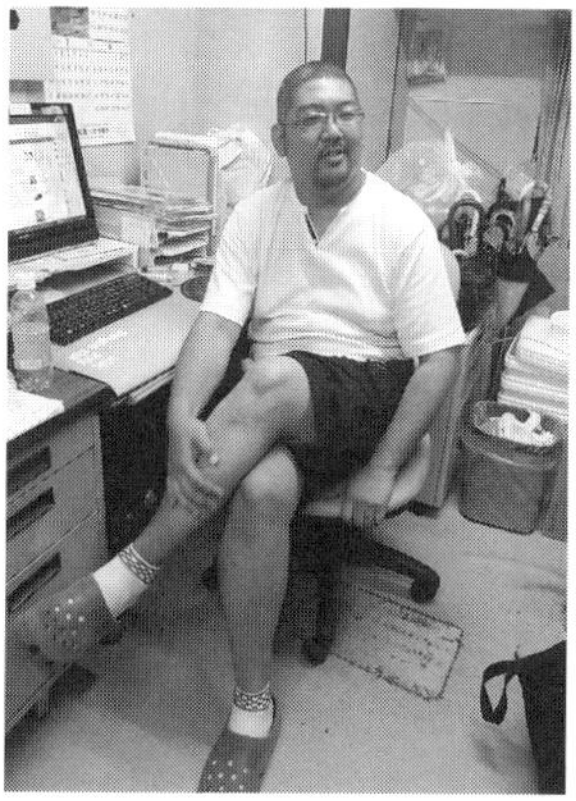

10年前の吐師さん

友愛会

ＩＣレコーダーのスイッチを入れた。吐師さんが、自身にとっての印象的な死を語りはじめた。

看護師になって一年目、脳外科の慢性期病棟で働いていて、まだ患者さんの死にふれていなかったので、印象的な死っていうのはいろいろありまして。そのなかでも、七〇代後半の男性が亡くなるときの感覚っていうのは残っていますね。看護師となって、最初に亡くなったってというケースではないですが、日勤・夜勤して大学院にも通ってという生活をしていたとき、その人の「バイタルもだいぶ下がってきてたし、もう言ってる間だね」っていう話を、どこの病院の医療スタッフも裏ではするんです。

結局、大学院に行っていて、しばらくは日勤に入っていなかったんですが、久しぶりに夜勤に入ったらその人はまだ生きてて、っていう言い方もおかしいんですが……。

家族の方と親しくコミュニケーションがとれる患者さんだったんですが、「待ってた」という言い方を周りにされていたようです。夜勤に入って三〇分かな。それで亡くなって。なんで印象に残ってるのかな。たぶん、そこから似たような感覚が続いたからですね。

初めて看護師になった一年目、その病棟で働いていたのは二五人くらいです。担当になる病棟で二つのチームに分かれるんですが、自分のチームで担当する人は、ことごとく僕の担当のときに亡くなりました。ある意味、その最初の人だったのかな。そういう背景もあって印象に残ってるのかな。

悪く言うと、死に神？　よく言うと、おくりびと？　って。ありがちな表現で言うと、馴《な》れていくんです。もうこの歳になると、いつの時点でそうなったのかは分からないけど、今までに四〇〇人くらい、人の死にかかわってきたから。

そういう言い方が良いのか悪いのか分からないですが、「馴れていく」という過程のなかで生じてくるのは、死が悪いものではなくなってくるという感じです。

立て続けに見送っていくと、最初は「死に神」っていうか、やけにその場面に出くわすっていうのは何かあるのかなと考えてしまいます。こういう仕事っていうのはね。でも、死に神に対する自分のなかのイメージが変わってくるんです。それは、死に対する自分のイメージが悪くなくなってくる。その人の、人生における一つの通過点になっていく。


「それは何歳のとき？」と、武市さんが吐師さんに尋ねた。「二三歳」と答えた吐師さんに武市さんは、「ちょっといい？」と私に断ってから質問をしはじめた。

「初めて友愛会に来たとき、死が単純に、単なる『できごと』というふうに言ってたんだよね。いまだに覚えてるんだけど。『できごと』というのはどういう感覚なの？」

「うん、あのねぇ……」とひと呼吸置いてから、吐師さんが質問に答えた。

確かにね、「馴れる」っていう表現って、本当に使いたくない。一番分かりやすく言うとそうなってくるっていうだけで。「馴れる」とか「できごと」になるのは、空虚になるとか淡々としたものになるという意味ではなくて、そこに善悪の感覚がなくなるとか、悲喜がなくなるという感じ。どっちかって言ったら「悲」、悲しいほうが一般的には多いんだろうけれど、でも、そういうものじゃなくなっていく。

ただ、死は人生のなかで、結婚や出産・育児とは違って、一〇〇パーセント、みんなに来るわけじゃないですか。一〇〇パーセント来るイベントとして。もっとも、人によってどの時期に来るのかは分からないけれど。

だからこそ、その前後がその人にとってどうあるかという一瞬でしか見なくなってくる。どこまでが本人の要望としてあるのかは分からないけれど、迎えるべき「できごと」としてそこにあって、それが本人にとってよかったのか、周りの人にとってよかったか……。いずれにせよ、悪いものではないなって、なっていく。そして、死という「できごと」が起きたあとに残るものをどのように看るかということになっていく。

「それは、亡くなったその方の年齢が若くても？」という武市さんの言葉を受けて、「同じかってこと？」と確認し、少し考えてから「うん、同じかな」と吐師さんは答えた。

突然っていうのは……その前に、その「できごと」を迎えるまでの助走がないっていうのは違うように感じられる。それは、歳をとっていようが、若かろうが、っていう話になってくる。でも、たとえば病気を理由とした、ある程度の助走があっての「できごと」ならば、死を「できごと」として「看る」ことには変わらない。少なくとも、俺のなかでは。

―・―・―・―・―・―・―・

しばしの間があって、吐師さんは、「いや、こういう話をすると看護師っぽくないかもしれない」と言った。私が「いいです、いいです」と答えると、「こういう考え方をするのは、幼児洗礼を受けているっていうことも関係しているのかもしれない。元々、キリスト教の発想だと死って悪いもんじゃない、神さまのところへ行くっていうよね」と吐師さんが言った。

「そこまで敬虔なクリスチャンなの？」と武市さんが尋ねると、吐師さんは即座に、「うん。でも、今日は（教会のミサに：括弧内筆者）行ってないけど」と答えた。「どっちやねん！」と言う武市さんの笑い声に吐師さんは、「だって俺、上智大学の神学部を蹴った人間。神父になろうとした人間ですからね」と答えた。

「でも、利用者の方が亡くなったらお寺さんとも密に連係して、最期の、最後のことまでちゃんとやってるよねえ、それもかなり密に……」と、吐師さんの活動には頭が下がるといった様子で話す武市さんが座るすぐ後ろの棚には、白い布に包まれた桐の箱があった。友愛会を利用していた人の遺骨であった。

「どう考えたって、誰もそれはやりたくない、避けたいよねって言う。それが仕事だからと言ってしまえばそれまでだけど……」と言う武市さんの言葉に、「それはさっきも言ったとおり、死に付随するものが『負』のものであってほしくない。何で世の中の人はこの『できごと』を負にするの？　って思っているから。負の要素を取り除きたい」と吐師さんが返した。

「うーん」と唸る武市さんに、吐師さんは言った。

「だって、死ぬために生きてるんでしょ？　そう考えたらねえ、負に考えちゃうのは仕方がないとして、逆に、そう考えちゃう人から負の要素を取りたいんです。負ではない『できごと』にしたいっていうのがあるのかもしれない。……全然違う話になったよ、ごめんね」

私に向き直って、吐師さんが言った。

「いや、聞きたいこと。いい言葉がいっぱい出てきたのでありがたいです。私が書きたいと思っていることなので」と、私は答えた。

吐師さんがここで話してくれたことは、私が初めて友愛会に来たときに聞いたことだった。吐師さんの訪問看護に同行し、患者さんとのやり取りを実際に見て、その人の死が吐師さんの「できごと」になっていくまでの過程を知っていた。

「生活を看るからね。だから、かかわりが長くなる」

吐師さんが事もなげにそう言うので、私はその言葉を文字どおりに受け取ってしまい、吐師さんが言わんとしていたことを取り逃がしてしまっていた。しかし、病が治りきっていない今の私ならば、「病とともに生きている人」の「生活」と「看る」ということが、何を意味するのかを想像することができる。端的に言えばこうなるだろう。

きっと、すべてに納得がいかない「私」がいて、たまに快適に感じられることがあっても、劇的に全快しないことへの諦めの連続が「生活」。そして、その人に医療を介して付き添うことが「看る」。さらに、その期間が長くなっていくことが「付き合う」ということだ。

「私」の立場からすれば、病状が回復し、よくなっていくことに期待をかけないでほしい。元気な「私」に戻ることを望まないでほしい。励ますのは、励ますその当人に回復への期待があるからだ。「頑張って」とか「そんなことばかり言わないで」というのは、病とともにあるその人の今とこれからを認めようとしない言葉である。長く、その人とその人の病に付き合っていれば、回復を期待する言葉は励ます人の勝手な言い分でしかなく、なかなかかけられるものではない。

「私」は「私」に多大なお金や労力をかけて、気に留めて世話をしてくれていることを知っている。ありがたいとも思っている。しかし、いつまで続くのか分からない時間のなかで、介護する側にも、される側にも募《つの》っていく罪悪感が心苦しい。自分さえいなければ……できるものならばすべてを放り投げて、消えてなくなってしまいたい。

仮にそうだとしても、あるいはそうではなくても、「私」の本音を私自身はこう想像する。とても寂しい。やはり、そばにいてくれる誰かがほしい。しかし、一つだけ条件がある。それは、「私」の領域を侵さないでほしいということだ。傍から見ればよい家庭環境にあっても、恵まれない家庭環境でも、一人で生きてきても「私」は「私」なのだ。だから、「そばにいてくれる誰かがほしい」は、「誰かにそばにいてほしい」ということとはまったく異なる。最期だから、私にこれ以上、頑張らせないで。私に期待しないで。そして、「私」のそばにいる人くらい、わたくしに選ばせてください。最期は「わたくしさま」で、「私」にいさせてほしいのです。

このような過程のなかで、「あなただけはいなくならないで」と堂々と言える相手が看護師である。病み続けていく「私」に責任をもって、長く付き合ってくれることが「看護する」ことの原点にあってほしいと、私自身はやはり強く望む。その原点に吐師さんがいる。実際、患者さんに、「今日も、吐師さんだけはいなくならないで、と言われたよ」と吐師さん自身が言っていた。きっとそれは、何人もの患者さんから言われていることなのだろう。

生活を看続ける長い過程があるからこそ、患者さんとの関係ができあがっていく。家族としてではなく、看護師という「ひと」として接してくれていると理解できるからこそ、「吐師さんだけはいなくならないで」と、患者さんは安心して言えるのだろう。

　このように書けるほど、友愛会で実習をした一〇年前の私の精神は成熟していなかった。それを、どのように私の言葉として表せばいいのかが分からなかった。若くて、健康だったのだ。病と共生して、友愛会に戻ってくるまでに、こんなにも時間がかかってしまった。

　死は、誰もが迎える「できごと」だ。生きていること、死に善悪はない。生死に貴賤はない。だから、人が人を選別することはできない。

　死は生の消尽点ではない。死にかけて分かったことだが、死に向かっていたところから引き返し、命をもち直すのも非常に苦労だし、大変で、とても痛い。「このまま死なせてー」ぐらいは、本当に言わせてほしい。

　人によっては、これを繰り返す。それを「気分だ」とか「演技だ」と言わないでほしい。(16)せめて、「よくぞ生まれて、生きてこられました。本当に、おつかれさまでした」と、死を生の通過点、必ず迎える「できごと」として最大の敬意で労《ねぎら》いたいし、労ってほしい、私を。

　神さまのもとへ、虹の橋のたもとへ、命をおくる。

「また会えるね、きっと会おうね。また会えるの、楽しみだね。どうか忘れないで。待っててね」

（16）嶋守さやか（二〇一五）『孤独死の看取り』新評論、九四ページ。

こうした私自身の生死の見方・あり方を表す言葉が、本書のタイトル『寿《ことほ》ぐ』だと私は考えている。きっと、死を寿ぐことができれば、大事な人の死を受容できるような気がしてくる、まずは私が。

そんなことを考えつつ吐師さんの話を聞いていたとき、そうか、今日はミサの日であることを思い出した。私には「ベルナデッタ」という洗礼名がある。そして、出掛けた先で名所だといわれる神社仏閣には必ずお参りをして合掌している。美しい「気」が感じられるので、御朱印も集めている。だが、自分の教会には出向かない。ミサがオンラインで流れるようになっても、それは変わらない。私は、とても敬虔とは言いがたいクリスチャンなのだ。

4 わたくしさまの観音様

吐師さんが、友愛会での印象的な死を語りはじめた。

こっちに来て印象があるケースっていうと、元々うちの（単身者用の女性の：括弧内筆者）施設の「やすらぎの家」にいたおばあちゃんで、友愛会というのができた最初のときからいた人だった。そのときは六〇代くらいだったんだけど。

うちの施設を出て、近隣のアパート暮らしをはじめてからも付き合いは長い。個人的にも仲良くさせてもらったし、何かあったら吐師さんに相談したいって話をされていたし、台東区内にアパートがあったのでずっと付き合いが続いた。

転倒したことで一回骨折して入院となり、退院してから在宅で生活をしていくにあたって、ちょっと生活がままならない。そのときの介護度は4くらいだったかな。それで、訪問看護に入ってほしいっていう話をしたら、「看護師だったら、吐師に入ってほしい」とわーわー叫《わめ》いたので、またそこから七年か八年、付き合いが続いた。

彼女がすごいのは、そのときに入院して以降、「ぜっっったいに、入院しない」って言い切ったこと。しかし、言っている間にもう一回転倒して骨折をして、そのあと脳梗塞を起こして家で寝たきりとなった。介護度5、アパートの一部屋にベッドを入れて……。その状態で、「絶対にアパートで生きてく」と言って、死ぬまでずっとそこにいた。ベッドから離れられないんだよ。

インタビュー時の吐師さん

介護保険のサービスってね、在宅でまったく身寄りがいない状況で、ヘルパーさんが朝昼晩と帯で入ったとしても、おむつの交換をして、ご飯の用意をして、入浴をさせて、訪問看護をなるべく削って週一回くらいにしたというサービスをしたとしても、生活のすべてを見きれるレベルでサービスを提供することはできない。そのレベルになったら、家で見ようとは思ってないからね、制度的には。それを何度も説明しているんだけど、「いい」と言い切って、ずっとそこで、その状態で四年くらい生きた。

彼女との関係のなかでは、ほかの訪問看護でもそうだけど、利用者さんとの会話のなかで随時出てくる会話があるんです。「こんな状態に、何もできない状態になってしまって、私なんてさっさと死ねばいい」という話になるんですよ。要は、生活保護だとか、年金だとかを食いつぶして、結局何もできないということ。言葉としては問題があるけど、何も生産性がない。できれば早く死にたいけれども、自分で自分の首をくくるのはどうかと思っている。一番の願いと言ったら、明日、目が覚めないこと、なんです。

「それを本人が言うわけ？」と武市さんが尋ねると、「うん。訪問看護に行くと、いろんな人といっぱいしゃべりますよ」と答え、吐師さんは話を続けた。

「たぶん、その人との会話で『そうね』って僕がはじめて言った人。『祈ってあげるよ、明日目覚めないように』っていう会話をそれからしていくことになった、たぶん最初の人が彼女。そして、彼女は結局、そこで死んでいくんだけれども。その過程のなかで、そこにある観音様をとても大事にしてたの」

そう言って、吐師さんは机の前にある鴨居を見上げた。そこには、小さな白い陶器製の観音様が飾られていた。そのあと視線を武市さんに戻し、吐師さんがさらに話を続けた。

そこから、彼女と「死ねたらいいのに」、「死ねるといいね」みたいなやり取りをしはじめた。

その間にね、「看護師としてはね、明日死ねればいい、それがあなたにとって幸せだろうと思う部分があるけれど、かたや困ったことに、あなた生きてるからね。生きてる間、寝たきりのこんな状態で、お尻に褥瘡《じょくそう》できて困るし、あちこち苦しいし、大変だろうから、少なからず長生きしろとは言わねーけども、苦痛が少なく、楽に生活できるようには看護したい、生きてる間はね」と言っていた。

彼女はね、訪問看護に行くたびに、「吐師さん、

友愛会に飾られている観音様

―・祈ってくれた？　私、死なないけど」みたいなことを言ってたよ。

吐師さんはそう言って、声を立てて笑った。茶化しているのではなく、その「彼女」を思い出して、彼女と会話をしながら笑っているかのように見えた。

吐師さんが語りを続けた。

―・

彼女自身の信仰の話になるんだけれど、実はいいところの娘さんだったの、かなりいい家の。調べたら本当だったんだけど、旦那さんもそこそこの会社を経営していて、お金を持っていた。だけど、旦那さんが死んだときには子どももいなかった。経済的にはちょうどバブルが弾けたころで、かなり借金も重なっていたのかな、会社を閉めて整理をしたというなかで、旦那が亡くなったことだし、本人も死のうと思ったらしい。

それで、芦ノ湖まで行くんだわ。行ったんだけど、雨が降っていて、すごい雨だったみたい。駅からはタクシーに乗ったようだけど、自分の行きたい、旦那とよく行った湖畔までは行けなかったらしい。

全部整理してしまっているから、お金も全部なくなった状態で死ねずに戻ってきて、浅草寺でボーっとしているときに心臓を悪くしてぶっ倒れて、近くの病院に運ばれて、っていうところから友愛会につながってくる。

　本人のなかではね、一度捨てた命っていうのがあるんだけど、それでいて捨てたのに逝けていない。でも、信心深いところもあって。

　彼女と話している三、四年の間に、「じゃあ、生きててもすることないって言うなら、その小さな観音様に願をかけとけば」と彼女に言った。「いっぱい、頑張って、頑張って、願をかけるわ」と彼女は応じた。「何の願をかけるのか」と聞いたら、「吐師さん、あんた若えけど働きすぎてるから、吐師さんの健康が心配だわ」ってよく言ってた。だから、「じゃあ、俺の健康が悪くならないように観音様に願をかけてよ」って話をした。

　生きている間の大事な役割をあげる。自分以外の誰かのために自分はなれる。生を願い、祈る。それで彼女の「生きてしまっている」ことへの罪悪感が少しでも拭われて、「今を生きる」現実感に変われればと。

　そしたら、「分かったわ」と彼女は言った。「そう願をかけるから、私は生活保護だしね。前の吐師さんの施設だったら吐師さんのほうでいろいろできたかもしれないけども、今はね、訪問看護で入るとしても、自分で全部遺品の整理ができない。お願いだから、私が死んだって分かったら、頼むから私の部屋からこれだけ奪って」と言われたので、この観音様を俺はもらってきた。俺への願がかかってるかららってね。

さっきの話だけど、死が「できごと」になっていく過程のなかで、「もう楽に死にたいよね」っていうときに、「ああ、死ねるといいね」って言えるようになってきたことが俺のなかでとても大事。「そんなことない、頑張れ」って、言いたくもない上っ面な言葉を口にしなくてもよくなった。でも、最初は口にするのが怖い。「死ねるといいね」って言うのはね。でも、それを口に出すことができた人だった。その人と話していて、それは本人にとって嫌な言葉ではなく、安心するんだってことを知ったかな。

生きているその本人が「死にたい」と言い、「ああ、死ねるといいね」とこたえることで、その人が抱えきれなくなっている、生きていることへの罪悪感が少しでも拭える、あるいは解消できるのだなと分かったということかもしれない。

今も、がんで死にそうなおばあちゃんとそういう話をするんだけれど、変な話、そのおばあちゃんも、「吐師さんが、そう言ってくれるから安心する。生きろと言わないから」と言っていた。

さっきまで話していた彼女は、訪問看護に行ったときだけど、俺が第一発見者だった。触ったときにはまだ温かかった。看取りという意味じゃ、看取ってないのかもしれないけれど、在宅看護で入っている患者さんのなかでは、看取ったというケースになるんだと思う。

しばらくの沈黙のあと、武市さんが吐師さんに「涙したことある？」と尋ねた。

「死んで？　……学生時代。でも、看護学生として、というわけじゃない、友人として。大学の同期」と答えた吐師さんは、少しはにかんでいた。

「それはプライベートとしてよね。仕事上においては？」という武市さんの言葉に、吐師さんは「仕事上では泣かない」と答えた。「このおばあちゃんのときも？」と私が尋ねると、「泣いてない」と吐師さんは言った。

「とすると、泣いたのは大学の同期の人のときだけ？」という私の問いかけに、吐師さんは次のように答えた。


仕事のときはない。死が感傷的なものになっていない。泣ける話じゃない。悲しいっていうのか、しゃべれない、しゃべりたくないっていうのはあるよ。

でも、死が近いのかなって思いはじめてからは、この人はどういうふうに死を迎えたいのかとか、迎えるべきかとは思う。そのあとに本人が遺していくものがあって、それがモノであったり、周りへの思いであったり、そういうものがどのように完結していくのかっていう部分だけだね。自分との関係性が深いほど、自分に何が残るのかと考えてしまうし、自分がこの人をどのように送りたいのかっていうのも考えている。

い。あー、こう話してると、やっぱり俺、看護師じゃない。

こう言って笑う吐師さんに、私が「看護師じゃなければ何なの？」と尋ねると、「分からない。山谷のおっちゃん」と声を高めて笑った。

5 寿町で逢いましょう

「肉親が亡くなれば、死んで悲しい部分もあるけれど、解放された感というのもあるでしょ。だけど、タブーなんでしょ？　タブーだから、実際の死別の場面じゃなくても、その前から死の話を語りはじめるときには、結局、避けようとするわけじゃない。だから、『そんな。まだまだ元気よ』とか『弱気にならないで』と言う。とくに、我々の仕事ではね。だけど、それがいかに死の話をさせなくしているかと思う」

と話す吐師さんに、武市さんが「自分がしたくないのかな、周りが……」と答えると、吐師さんは「そう、本人の周りにいる人たちがその人の死の話をしたくない。人によっては、そうかもしれない」と即答した。そして、次のように言葉を続けた。

「馴れていくっていう過程っていうのは、その話を本人がしたいっていうことが分かっていくから馴れてくるんだと思うし、そういう話をしていく。多かれ少なかれ、看取ることが多い人って、似たような感覚と経験をしていくんだと思うけど、それが馴れていくっていうことだと思う。淡々としていった死が自分のなかで肉づいて、そのような会話をすることのタブー感がなくなっていくっていう感じかな」

語ることについてのタブーは、死だけにあるわけではない。先ほど、友愛会は「小さな自由をつぶさない」と書いた。それは、生きていくということに対する偏見や差別を受けることなく、そこにいられる場所をつくるということだ。だからこそ、「本人が語りたいと思う死の語りをつぶさない」と話す吐師さんの考え方がインタビューにも現れていると私は感じた。

生きていくことへの偏見は、友愛会や山谷にかぎったことではない。Facebookを見ていると、この世界のなかで「小さくされた者」がただそこにいられる場所をつくり、守ろうとする取り組みが至る所でなされている。私に、また新しいつながりができた。一生大事にしていきたいと願う仲間との、生命のつながりだ。

二〇一九年一一月一〇日、一〇月二二日に予定されていた天皇陛下の即位を祝うパレード「祝賀御列《おんれつ》の儀」が台風19号への対応を考慮して延期されて行われたその日、私は新宿区内で、「アルコールなどの依存症や心の病から回復できることを行進して伝え分かち合う」という「リカバ

コラム

リカバリー・パレード　実行委員長・加藤靖
(https://www.facebook.com/RecoveryParadeJapan)

「皆さん、例えば新宿（東京都）の目抜き通りを依存症の回復者、家族、支援者5,000名が、回復の喜びをアピールしながら歩くことを想像してみてください。その結果、この日本にどんな変化が起きるかを想像してみてください。さまざまな依存症からの出口が見つからずに苦しみ、死に向かって人生を下っている仲間たちにどんな希望が与えられるか、想像してみてください。同じように、家族の皆さんにはどんな希望が与えられるかを想像してみてください。依存症は本人の意志が弱いからだという誤解と偏見が蔓延しているこの社会に対して、『依存症は回復できます。私たちがその証拠です』と大勢の回復者、家族が声を上げて証言することで、誤解と偏見がどれだけ払拭できるかを想像してみてください」

2007年6月に行われたウィリアム・ホワイト氏（William L. White）(注) 来日講演でのメッセージから勇気を得て、日本のリカバリー・パレードははじまった。

第1回は2010年9月、アルコール、薬物、ギャンブル、食べ物などの依存症やうつ、統合失調症、引きこもりなどからの回復をはじめている本人、家族、支援者など300名ほどが新宿中央公園に集まり、沿道の人々に回復の顔と声をアピールしながら行進した。以来、毎年の開催を続け、2019年11月に「リカバリー・パレード」は開催第10回を迎え、同年、全国9か所で開催された。

（注）チェスナットヘルスシステムズ名誉リサーチコンサルタント、Faces and Voices of Recovery, USA, ボランティアスタッフ。著書に『米国アディクション列伝』（ジャパンマック、2007年）があるほか、2020年に「Let's Go Make Some History: Chronicles of the New Addiction Recovery Advocacy Movement」が「回復の顔と声・設立準備会」より翻訳・出版予定。

リー・パレード（回復の祭典）」に参加していた。「約一〇〇人が午後一時半に新宿中央公園を出発した。二〇一〇年九月に新宿で始まってから毎年行われ[17]」ており、その日で一〇回目を迎えていた。

更年期の症状がリアルな私にも、在宅生活と職場で働くくらいならば可能な不安障がいや子宮筋腫がある。五年前に鬱病と診断されたが、スマホでできる認知行動療法アプリの継続に挫折し、忙しくて病院に行けずに薬を切らしてしまった状態で三日間過ごしたこともあった。その間、明け方に何とか入眠した瞬間、「うん、眠ったね。さあ、冒険に出掛けよう」と、毎晩、夢のなかで誘われた。

その後、「内容までは覚えていないのですが、毎日、冒険に行くのが辛くて病院に来ました」と主治医に言ったら、クスッと笑われた。マインドフルネスやヨガも続かなかったが、まあ大丈夫だろう。薬は毎日きちんと飲んでいる。

リカバリー・パレードの集合場所で、友愛会の田中さんに会った。仕事とは関係なく、個人として参加していると言っていた。

田中さんが、「こちらは嶋守さん。当事者ですよ」と、参加者のみなさんに紹介してくれた。

（17）〈福祉新聞〉二〇一九年一一月一八日付。

みなさんの目が変化した。優しくゆるりと柔らかく、体ごと握手されたような気がした。そして、「ただそこにいる」ための場所が「ふうわり」とできた。一瞬のことだったが、それは魔法のようでもあった。

リカバリー・パレードに参加した人たちは、新宿ルミネの交差点を左に曲がり、新宿駅西口を目指して歩いていた。車の往来が激しい甲州街道の左側一車線を、警察官にガードされてグングンと歩いた。

「これに参加すれば元気になる。街を見ているだけで楽しい」と、声をかけてもらえた。歩道からは、いろいろな国籍の人たちがパレードの写真を撮っていた。ああ、私はここにいるんだなあーと実感して、嬉しかった。交差点の真ん中で派手に転んだが、気分は最高だった。ガード下では、楽器やプラカードを持つ人たちの歌が響いた。とにかく空は青く、高く、参加したみなさんの表情が輝いていた。

パレードのゴールは、新宿区役所前にある遊歩道の入り

リカバリーパレード、スタート前の集合写真

口のあたりだった。日陰に入ってひと息つき、ペットボトルのウーロン茶を飲んでいると、田中さんが実行委員長の城間勇さんを紹介してくれた。

「城間さんは、アメリカで開催されていた『リカバリー・ウォーク』と呼ばれていた依存症回復擁護運動にインスピレーションを受け、一〇年前の第一回リカバリー・パレードを仲間とともに実現した人です。まったくのゼロからはじまったリカバリー・パレードの歴史を一番よく知っている方ですよ」

城間さんに続き、田中さんは次期実行委員長の加藤靖さんを紹介してくれた。お二人と、リカバリー・パレードのコーラス隊長と名刺を交換した。加藤さんの名刺には、「寿アルク施設長」と書いてあった。

「寿町！　私、一月に寿町に行くんです。牧師さんにお話をうかがいに」と加藤さんに話すと、「寿アルクの理事だよ」と教えてくれた。「寿アルク」とは、「アルコー

リカバリー・パレード回復の祭典 in 東京2020。後列は、パレードに協力してくれたブラジリアン・パーカッションのみなさん

ル依存症の回復、社会参加を手助けするために、一九九二年八月に福祉・医療関係者や市民、依存症本人（回復者）たち」によって設立された市民の会だ。デイケアやグループホームがあり、アルコールセミナーを開催している。(18)「ぜひ、見学させてください」と、私は加藤さんにお願いして別れた。

そして、二〇二〇年五月二日、〈東洋経済 ONLINE〉に「『山谷・寿町』日雇い者が瀕するコロナ禍の憂鬱　感染報告者ないが、わずかな仕事さらに乏しく」という記事が掲載された。記事には、山谷の日雇い労働者を対象とした「特別就労対策事業という都の公共事業が四月八日から止まってしまった」と書かれていた。

特別就労対策事業とは、公園や霊園の草むしり、ゴミ拾い、道路清掃などを輪番制で紹介し、日払いで七五〇〇円くらいになる仕事だという。寿町でも、「例年なら、春先は花見会場の清掃など現金収入につながる仕事があったのですが、コロナで今年はダメだったはず。ホームレスの人に残された仕事は、アルミ缶の回収くらい。高齢者にはきつい作業です」と、記事で報じられていた。

山谷地区の「簡易宿泊所で暮らす人は二〇一八年末現在、約三八〇〇人を超え、そのうち日雇い労働者は一五〇人ほどだ。生活保護受給者は九〇％近くを占め、その平均年齢は六七・二歳になる」。また、「寿町では約三〇〇メートル四方の中に一二〇軒以上の簡易宿泊所がひしめく。部屋数は八〇〇〇室超。住人は約六〇〇〇〇人に上る」[19]とも記事に書かれていた。
「食べること、生きることが困難な状況が生まれている」と、炊き出しに関する記事も見つけた。
「行政などの生活困窮者支援窓口と連携して支援をするセカンドハーベスト名古屋において、食品パックの送付依頼は（中略）３月は1.3倍に増加。一方、経済活動の低迷で企業や個人からの食品寄付の申し出は半減しているという。『このままではフードバンクが崩壊してしまう』」[20]
調べているうちに、名古屋越冬実行委員会から名古屋市長と名古屋市健康福祉局生活福祉部宛に出された要望書が目に留まった。要望書には次のように書かれていた。

新型コロナウイルスの影響における野宿者への対策の要望書

はじめに
新型コロナウイルス感染拡大の為、就職内定が取り消され、飲食店でアルバイト、パート

（18）特定非営利活動法人 市民の会寿アルク　http://kotobuki-aruku.jp/ 情報取得日：二〇二〇年四月二九日。
（19）東洋経済ONLINE、二〇二〇年五月二日　https://toyokeizai.net/articles/-/347889、情報取得日：二〇二〇年四月二四日。
（20）〈朝日新聞〉二〇二〇年四月二七日付。

で生計を立てている人、工場で働く人が解雇され生活できなくなり、ネットカフェやサウナで寝泊まりしながら仕事に行っている人も職と住み家を同時に無くしています。

現場でどの様な事が起こっているのかの報告と野宿にならないための対策と野宿している人への安全対策を要望します。

1．各福祉事務所での水際作戦を今、すぐにやめさせて下さい。

①仕事と居宅を無くした人が生活保護の相談に来た時に担当者は居宅の説明もせずに、すぐに「無料低額宿泊所」（以下、無低という）を紹介しています。集団生活の一時保護所を使いたくないのかもしれませんが、無低もクラスターが発生しやすい悪い環境です。基本的な生活保護の説明をして、申請審査期間中はビジネスホテルなどを利用して、生活保護法の正しい運用をして下さい。

②現在多くの人たちが失業して、福祉事務所は人でいっぱいです。担当する相談員も大変だと思いますが、相談の仕方が適当で雑です。真剣に聞いていません。これは相談員の問題もあると思いますが、オーバーワークです。医療現場が崩壊寸前と同様各福祉事務所も今に崩壊します。相談員の増員と特別相談所を設立する必要があります。又、大勢が福祉事務所に詰め寄るとそこがクラスターになります。今は緊急事態です。早急に対策をお願いします。

③現在、外国人の方が炊き出し時に相談に来られたという報告は聞いていませんが、多くの外国人が工場を解雇されています。その方々が相談しに来られた時の具体的な対策を教えて下さい。

2．野宿している人が感染しないように、支援を強化して下さい。

現在、野宿の方のコロナウィルス感染又は、感染疑いの報告は受けていませんが、高齢者や心臓病、糖尿病などの持病を持っている野宿の方はかなり弱っています。

①野宿している方のほとんどがマスクを持っていません。保健師又は巡回相談員による野宿者へのマスク、アルコール消毒液の配布をして健康チェックをして下さい。出来なければ、私たち越冬実行委員会が各団体に手配して、野宿者に配る事も出来ます。マスクは千枚くらい必要です。

②現在、炊き出しを食べに来る人は増えているのに炊き出しをする団体が減ってきています。食糧支援してくれているセカンドハーベストも自粛し会社の物流が止っているので、食糧もほとんど入って来ません。巡回相談員に栄養のある物（カロリーメイト的な物）を持たせて配って下さい。又、現地を回る人員を増やして下さい。

行政もコロナ対策で大変かと思いますが、これは緊急事態です。私たち越冬実行委員会はこの緊急事態に各団体が定期的に集まり、現状を報告し合い、問題を出し、協議し、解決策を毎回話し合っています。こんな時だからこそ民間と行政が協力して、この危機を乗り越えたいと思います。

　回答の日にちは設定しません。良い案がありましたら、電話でもメールでも返答して下さい。どうか、よろしくお願いします。[21]

　要望書が出された日付を見ると、二〇二〇年四月二六日だった。この日は、私の母の誕生日である。私が精神保健福祉士の養成校で非常勤講師として働いたとき、その学校の助手として知り合ったのが「つねちゃん」だった。和太鼓を叩いていたつねちゃんは、現在、てぬぐい・和布雑貨の「つねかめ堂」を経営している。

「つねかめ堂」から取り寄せた紬のマスクを誕生日プレゼントとして母に贈った次の日、近所に住む奥様が急逝された。四一歳だった。

　お通夜に列席した母の肩に塩を振り、「おかえり」と迎

「つねかめ堂」のマスク

え入れると、玄関に白い蛾が入り込んできた。食事をし、その日のデザートに、スーパーで買った、まだ糖度は低いがかなり熟したメロンを食卓に並べた。

「もう、この季節が来たんだね！」

その声に、日々も、季節も過ぎゆくものだと実感した。

寝室に入ると、先ほど迷い込んできた白い蛾が灯りを求めて飛んできた。「生きているのだから、お外に出してあげようね」と言って、私は窓を開けた。白い蛾は、暗い夜空にヒラヒラと飛んでいった。

(21)　二〇二〇年五月三日に、名古屋越冬実行委員長より要望書をこの本に掲載することについての了解を得た。メールで、「『名古屋市のホームレスの人数は一〇〇名少し』とありますが、現場を知っている私たちは三〇〇名を超えていると思われます。（中略）余談ですが、去年小学生による、ホームレスの襲撃事件がありまして、すぐに教育委員会に文書で申し入れをしました所、すぐに対処して下さり、近隣の教師が、ホームレスの人を訪ねて安否確認してくれて、それ以来いじめがなくなったケースがありました」と教えてもらっている。また、要望書が提出されて、「あれから、保護課は電話をくれて『窓口の水際作戦はしないように』各福祉事務所に通達した、と報告してくれました」とのことだった。

あとがき――生死のあわい、区役所にて

人の生死を慶《よろこ》び、寿《ことほ》ぐ本が書けないものかしら――これが、本書を書こうという私の願いとなり、ここまで原稿を書いてきて、ようやくこの「あとがき」に至った。読んでくださったみなさん、私のように「はじめに」を読んで、目次を見て、「あとがき」を読んでから本文を読むかどうかを決めるというみなさん、そして、何よりも本書のためにたくさんの貴重なお話をしてくださったみなさんに、心からお礼を申し上げたい。本当にありがたく思っている。

本書を書いている間に即位礼正殿の儀があった。平成から令和へと元号が変わったこの年に、第一作目の本、『せいしんしょうがいしゃの皆サマの、ステキすぎる毎日』では『ふたりはプリキュア』のテーマソングを歌っていた姪っ子が大学生になった。私も、勤めている大学から一五年目の永年勤続で表彰された。そして、その夏、私はくも膜下出血で人生初の入院を経験した。青天の霹靂、本当に思いも寄らず、驚くばかりだった。

誰でも、自分ですらも、人は成長し、大きくなり、年をとって死んでいくのだなと、身をもって実感した。「誰も死んでないじゃないの」と、前著の『孤独死の看取り』を読んでいただいた

人から度々言われてきた。しかし、その言葉以上に傷ついた言葉があった。

それは、「先生が書く死はきれいすぎます」という言葉である。

なぜ、この言葉が私の心に深く刺さったのだろうか。この痛みにかなり苦しんだので、とても長い時間、その言葉を発した人たちのことや言葉の意味を考えていた。

まず、この言葉を私に伝えたのは、私の教え子であったり、そうでなかったりした看護師たちであった。その人々が私に伝えたかったことは、きっと、「死は穢《きたな》いものです。先生はそれを知らない。人の最期を見てもいなければ、それぞれの死に苦しんでもいないでしょう？　美談にしすぎてはいませんか？」ということなのだろう。しかし、だからこそ、言葉にできない看護師たちの「死の語り」を聞いてくださいと、私に伝えたかったのではないだろうか。そう考えれば、合点がいく。

そこから、私が担当していた大学院での授業を受講していた四〇代前半の大学院生たち（手術室の看護師長さん、ＩＣＵ、脳神経外科、産婦人科勤務と、まさに生死のあわいで勤務する錚錚たる方々）、そして「先生が書く死はきれいすぎる」と言った本人からも話を聞くことができた。「美談にしようとしていないか」と言ってくれた人とも、私は話をした。

コミュニケーションのなかで「傷つく」経験をし、何かしらの形でそれが昇華されて新しいことが生まれる。自分にとっては不協和音としてしか受け取れなかった声が、語り合うことで新たな響きを生み出すように。そう願って話を聞き、私も自分が考えていることを話した。

こうして、一つ一つの語りに耳を傾け、死に寄り添うことが壮絶であること、生きていれば死が当たり前に、平等に、私たちには訪れるということ、そして、生死とともに一人ひとりが人として成長していくプロセスがあるということを知った。

人の「生き死に」の周りで起きること、「よくぞ生きてくださいました」という労い、そうしたことを愛おしみ、「寿ぐ」という言葉をあてたいと思って本書のタイトルとした。

人が生きているのは、どこからどこまでのことであろうか。死を迎えてから生まれてくる赤ちゃん、お亡くなりになったあと、「どこかで生きていてほしい」と摘出される肉親の臓器が他人の身体へと移植されていく話についてもうかがうことができた。また、私たちの生活と地域、そして生きることの尊厳を守る話も本書で著すことができた。それを行った理由は、本書が「すべての人がただ生きること」を祝福するためのものだからである。


最後に、生まれてきたあとと亡くなったあととの間で起きた一つの話をしておきたい。

「次は人の『生き死に』を慶び、寿ぐひとたちのお話を本にしたいんですよ」

本書を書くと決めたことを最初に話した人からうかがった話である。カットは「サクマさんにしかお願いしない」と決めてから、私がずっとお世話になっている美容師の話だ。

二〇一九年、サクマさんに二人目のお子さんが生まれた。娘さんの出生を届けるために区役所へ行った。出生届を提出するのはここかなぁと窓口に並んだその後ろに、見覚えのある男性が並んだ。あれ？　と思ったと同時に、「あ、サクマさん」とその人から声をかけられたという。「実は……」という言葉に続く話を聞いたところ、奇跡のような偶然にサクマさんは言葉を失ったという。

サクマさんの後ろに並ばれたその男性は、死亡届を手にしていた。それは、サクマさんが独立をする前の店のオーナーから引き継いだ、大事なお客さまのものであった。

慶事法事のとき、そして日常でも、人は必ず髪を整える。小学校のときはお母さんに連れられて、お母さんの決めた髪型にしていた男の子が、中学生になって初めてお店にやって来て、「ドラマのときの星野源さんの髪型にしてください」と言ったときがあった。初老の人が「今日は私の結婚式です。ここから教会に行きます」と幸せそうに微笑みながら鏡の前に座ったこともあった。そんなお客さんにサクマさんは、丁寧に「任せてください」と答えてきた。サクマさんは、一人

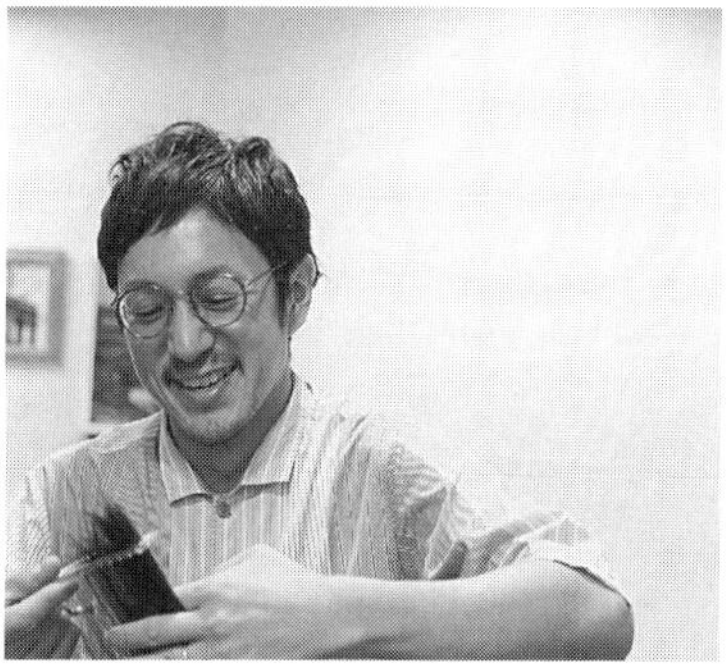

サクマさん@美容室 ALOT'S

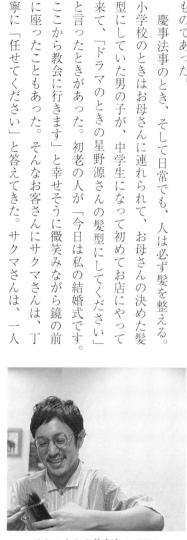

ひとりのお客さまの成長や生きる節目に起こる出来事に寄り添って、毎日、仕事をしていた。

　サクマさんが区役所で出会ったのは、そんなお客様の家族である。高齢になっていたお客様は、とてもサクマさんを可愛がってくださり、サクマさんのお子さんの成長やサクマさん自身に起こるステキなことを、自分のことのように、常に優しく喜んでくれていた。そして、

「もし、お身体のご不調でお店に来られなくなったら、お家まで出張させてくださいね」

「そうね。最期まで、サクマさんにお願いするわ」

というような会話を日頃から繰り返していた。最後に髪を美しく整えた四日後、そのお客様は向こうの世界に旅立たれたという。サクマさんの二人目のお子さんを抱っこすることを楽しみにされながら。

　出生届を出したあとの数日間、サクマさんの店のガラスの外に大きな白い蛾がとまった。サクマさんにお礼を伝えに来たのだろう。その白いお客さまは、店のガラスにずっととまったままでいた。そっと見守ってくれているようだった、とサクマさんは思ったそうだ。

『苦界浄土』を執筆した石牟礼道子さんは、「改稿に当って［旧版文庫版あとがき］」[1]で、「白状すればこの作品は、誰よりも自分自身に語り聞かせる、浄瑠璃のごときもの」と書いている。残念ながら、浄瑠璃を理解するだけの才が私にはない。それでも、サクマさんの語った白い蛾を想像してみるとき、ふと、死ぬために白い繭から這い出した蚕蛾が思い浮かんだ。まるで白い繭は、

一人ひとりの生きた証のようであるな、と。

伝えたい言葉と語り尽くせない思いが人と人との「縁を結いて」(2)、光の糸のような絆をつないでくれている。浄瑠璃が口演されることを「語り」というようだが、もし、私に一人ひとりの命の話が語り継がれれば、その光の一つ一つを丹念に紡ぎ、そこに存在した人の生死の記憶を、心を込めて織り続けていきたい。それが私の願いである。

本書を出版するにあたり、変わらぬご厚情とともにいつも支えてくださる株式会社新評論の武市一幸さんと、美しい表紙絵を描いてくださった田端智美先生（桜花学園大学国際教養こども学科准教授）に心からお礼を申し上げます。

ささやかながら、本書が、生きていることと死んでしまうことへの寂しさ、苦しさを抱えているみなさまの心に、優しく、柔らかく、きっと寄り添えますように。

二〇二〇年八月　窓から覗く青空がとても高く、美しく晴れやかな日に

嶋守さやか

（1）石牟礼通子（二〇〇四）『新装版　苦界浄土　わが水俣病』講談社文庫、三六二ページ。
（2）堂本剛（二〇一一）「縁を結いて」SHAMANIPPON。堂本剛さんの四枚目のCD。

参考文献一覧

・赤坂憲雄（二〇一九）「民俗学者は石牟礼道子を畏れていた」『機』第三二五号。
・赤坂真理（二〇一九）「『苦海浄土』で心身が癒えた」『機』第三二五号。
・浅香淳（一九七九）『音楽中辞典』音楽之友社。
・石牟礼道子（一九八二）『常世の樹』葦書房。
・石牟礼通子（二〇〇四）『新装版　苦界浄土　わが水俣病』講談社文庫。
・石牟礼道子（二〇一六）『水はみどろの宮』福音館書店。
・石牟礼道子（二〇一九）「憂国の志情――あとがきにかえて」、藤原書店編集部編『石牟礼道子と芸能』藤原書店。
・石牟礼道子・伊藤比呂美（二〇一八）『新版　死を想う　われらも終には仏なり』平凡社。
・石牟礼道子・志村ふくみ（二〇一八）『遺言　対談と往復書簡』筑摩書房。
・石牟礼道子他（二〇一八）『追悼　石牟礼道子　毒死列島　身悶えしつつ』株式会社金曜日。
・伊丹十三（二〇〇五）『ヨーロッパ退屈日記』新潮社。
・印牧邦雄（一九八六）『福井県の歴史』第二版、山川出版社。
・ウィリアム・ホワイト（二〇〇七）『米国アディクション列伝』ジャパンマック。
・岡本双美子（二〇〇五）「看護師の死生観尺度作成と尺度に影響を及ぼす要因分析」『日本看護研究学会雑誌』第二八巻第四号。
・『神楽歌　催馬楽　梁塵秘抄　閑吟集』臼田甚五郎・新間進一校注・訳者（一九七六）小学館。

・上関原発どうするの？〜瀬戸内の自然を守るために〜（二〇一九）「瀬戸内の原風景　上関の海を未来へ」。
・川久保和子他（二〇一五）「成人看護学領域における移植医療教育に関する文献検討」『看護学研究紀要』第三巻第一号。
・菊池京子（二〇一二）「臓器移植における手術室看護師の役目と今後の課題」『OPE nursing』第二七巻第一一号。
・倉田真由美（二〇一五）「改正臓器移植法における親族優先提供をめぐる議論の批判的検討」立命館大学生存学研究センター『生存学：生きて在るを学ぶ』第八号。
・呉獨立（二〇一七）「新聞記事から見る『孤独死』言説―朝日新聞を中心に」『社会学論集』第二九号。
・佐渡山安公（二〇一九）『宮古島ふしぎ発見 カンカカリャの世界』、かたりべ出版。
・篠崎弘（二〇〇三）「喜納昌吉」、池沢直樹『オキナワ何でも事典』新潮社。
・渋谷典子（二〇一九）『NPOと労働法―新たな市民社会構築に向けたNPOと労働法の課題』晃洋書房。
・嶋守さやか（二〇〇六）『せいしんしょうがいしゃの皆サマの、ステキすぎる毎日』新評論。
・嶋守さやか（二〇一五）『孤独死の看取り』新評論。
・嶋守さやか（二〇一七）「地域子ども福祉研究への一考察――学生との協同的なアクティブ・ラーニングに向けて」『桜花学園大学保育学部研究紀要』第17号。
・嶋守さやか（二〇一九）「熟年看護師による死の語り」『桜花学園大学保育学部研究紀要』第一八号。
・嶋守さやか他（二〇一九）「看護師による死の語り」『日本赤十字豊田看護大学紀要』第一四巻第一号。
・浄閑寺（一九六三）『浄閑寺と永井荷風先生』（私家版）。
・新谷尚紀他（二〇〇五）『民俗小辞典　死と葬送』吉川弘文館。

・関山和夫（一九七〇）『中京芸能風土記』青蛙房。
・田口ランディ（二〇一一）『ヒロシマ、ナガサキ、フクシマ　原子力を受け入れた日本』筑摩書房。
・多田裕美子（二〇一六）『山谷　ヤマの男』筑摩書房。
・田中優子（二〇一九）「石牟礼道子「私たちの春の城はどこにあるのか？――『完本　春の城』の解説から」」、藤原書店編集部編『石牟礼道子と芸能』藤原書店。
・旅の文化研究所（二〇一七）『旅の民俗シリーズ第二巻　寿ぐ』現代書館。
・田村南海子他（二〇一八）「脳死下ドナー家族への看護ケアに関する実態調査―看護師の看護ケアに対する必要性の認識と実施率」『日本救急看護学会雑誌』第二〇巻第一号。
・田村裕子他（二〇一八）「わが国の臓器移植における精神的側面に着目した看護研究の文献的考察」『三重看護学誌』第二〇号。
・特定非営利活動法人 友愛会（二〇一七）「友愛会ニュースレター　小さな絆」二〇一七年第四号。
・堂本剛（二〇一一）「縁を結いて」SHAMANIPPON。
・田中勝男他（二〇一六）「エンゼルケアに関する実態調査からの考察」『日農医誌』第六五巻第四号。
・津田大介・小嶋裕一編（二〇一七）『［決定版］原発の教科書』新曜社。
・永井荷風（一九四六）「畦道」、永井荷風（二〇一九）『葛飾土産』中公文庫。
・永野佳代他（二〇一六）「臓器提供時の看護師の困難感とEnd of Lifeケアへの課題」『日本クリティカルケア看護学会誌』第一二巻第三号。
・中村善保（二〇一五）「脳死下臓器提供における手術室看護師の役割（ドナー編）」『OPE nursing』第三〇巻第六号。

・那須圭子（二〇〇七）『中電さん、さようなら――山口県祝島 原発とたたかう島人の記録』創史社。
・西尾漠（一九八八）『原発の現代史』技術と人間社。
・西尾漠（二〇一七）『日本の原子力時代史』七つ森書館。
・『日本国語大辞典第二版　第五巻』小学館、二〇〇一年。
・日本史一問一答編集委員会（二〇〇五）『日本史B用語問題集』山川出版社。
・野村倫子他（二〇一九）「救命救急センターにおける脳死とされうる状態の患者の家族に対する看護の実態と困難」『大阪大学看護学雑誌』第二五巻第一号。
・橋本昭三（二〇一〇）「もんじゅの運転再開の日を迎えて」、『日本原子力学会誌』第五二巻第九号・
・パトリシア・ベナー（二〇〇二）「特別企画　エキスパートナース・フォーラム二〇〇一　来日講師インタビュー」『Expert Nurse』第一七巻第一〇号。
・パトリシア・ベナー（二〇〇六）「看護実践における臨床知の開発、経験的学習とエキスパートネス」『日本赤十字看護大学紀要』第二〇号。
・纐纈あや（二〇一二）「いのちのつながりに連なる」池澤直樹・坂本龍一他『脱原発社会を創る30人の提言』コモンズ。
・林優子（二〇一三）「臓器移植における倫理的な看護場面での看護師の苦悩――一事例の分析を通して」『大阪医科大学看護研究雑誌』第三巻。
・隼田嘉彦他（二〇〇〇）『福井県の歴史』山川出版社。
・細野晴臣・鈴木惣一郎（二〇一四）『とまっていた時計がまたうごきはじめた』平凡社。
・松尾芭蕉、潁原退蔵・尾形仂訳注（二〇〇三）『新版　おくのほそ道　現代語訳／曾良随行日記つき』

KADOKAWA。
・眞鍋智子他（二〇一七）「看護学生と社会人の死生観の比較」『了徳寺大学研究紀要』第一一号。
・水上勉（二〇一七）『若狭がたり――わが「原発」撰抄』アーツアンドクラフツ。
・宮沢賢治「ビジテリアン大祭」、宮沢賢治（一九八九）『新編　銀河鉄道の夜』新潮文庫。
・三好ゆう（二〇〇九）「原子力発電所と自治体財政――福井県敦賀市の事例」『立命館経済学』第五八巻第四号。
・矢作直樹（二〇一五）『世界一美しい日本のことば』イースト・プレス。
・矢作直樹（二〇一六）『健やかに安らかに』山と渓谷社。
・矢作直樹・田口ランディ（二〇一四）『「あの世」の準備、できていますか?』マガジンハウス。
・山秋真（二〇〇七）『ためされた地方自治　原発の代理戦争にゆれた能登半島・珠洲市民の13年』桂書房。
・山秋真（二〇一二）『原発をつくらせない人々――祝島から未来へ』岩波新書。
・山秋真（二〇二〇）「漁業補償金受け取り拒む『島民の会』の質問直後 中国電力、上関原発調査中断」『週刊金曜日』一二六三号。
・山戸貞夫（二〇一三）『祝島のたたかい 上関原発反対運動史』岩波書店。
・悠木千帆（一九七五）「ジュリーの魅力」『いつも心に樹木希林～ひとりの役者の咲きざま、死にざま～』キネマ旬報社、二〇一九年。
・吉本真一（二〇一九）「喫茶人対談　街の日常を味わう」『東京人』第三四巻第六号。
・鷲田清一（二〇一九）「小さな〈肯定〉」内田樹編『街場の平成論』晶文社。

ウエブサイトなどの一覧

・浅川澄一（二〇一七）「日本人の『死ぬ場所』が変化、施設死が急増している理由」〈DIAMOND ONLINE〉https://diamond.jp/articles/-/143614
・@chika_tilo、二〇一七年三月二八日付のTwitter記事
・石田智子「日本の障がい児童達がカンボジアの子供に教科書を届けに行く!」『Ready for?』https://readyfor.jp/projects/bokupuro
・NHK特設サイト新型コロナウイルス https://www3.nhk.or.jp/news/special/coronavirus/medical/
・看護roo!ニュース、二〇二〇年四月一〇日、https://www.kango-roo.com/sn/a/view/7495
・「原発ってどこにある?今、動いてる?再稼働はいつ?　二〇二〇年三月二四日／原発ってなに?」こどもたちの未来へ《311被災者支援と国際協力》https://blog.goo.ne.jp/tanutanu9887
・こどもたちの未来へ《311被災者支援と国際協力》、https://blog.goo.ne.jp/tanutanu9887/e/a43bbf55884c7e6832943f79a7f56b72、
・新型コロナウイルス感染症まとめ https://hazard.yahoo.co.jp/article/20200207
・聖路加国際大学ペリネイタル・ロス研究会 http://plaza.umin.ac.jp/jsplr/index.php
・「第三回世界平和祈願　んまてぃだ祭り」パンフレット
・敦賀市ホームページ「今大地晴美（こんだいじはるみ）議員」https://www.city.tsuruga.lg.jp/about_city/news_from_division/gikaijimu_kyoku/giin_ichiran/kondaijiharumi.html
・特定非営利活動法人 山友会 https://www.sanyukai.or.jp/aboutus

・特定非営利活動法人 市民の会寿アルク http://kotobuki-aruku.jp/
・特定非営利活動法人 友愛会の沿革 https://you-i-kai.net/profile.html
・『DOGLEGS』、ヒースカズンズ監督、二〇一六年、配給：トリウッド、ポレポレ中野、doglegsmovie.com/
・日本赤十字ウェブサイト、http://www.jrc.or.jp/activity/saigai/news/200326_006124.html
・メーテレニュース、二〇二〇年四月二七日、https://www.nagoyatv.com/news/?id=000786
・やぎみね（二〇一九）「悶え加勢（かせ）する人・石牟礼道子（旅は道草・119）」、ウィメンズアクションネットワーク（WAN）ホームページ https://wan.or.jp/article/show/8695
・WIRED、https://wired.jp/2020/04/07/coronavirus-italy/
・One's Ending、https://ihinseiri-oneslife.com/ending/estatesale/14/

著者紹介

ドクターファンタスティポ★嶋守さやか
1971年、川崎市生まれ。

桜花学園大学保育学部教授、桜花学園大学院教授。

2002年、金城学院大学大学院文学研究科社会学専攻博士後期課程修了、社会学博士。専攻は、福祉社会学。

著書は、『社会の実存と存在――汝を傷つけた槍だけが汝の傷を癒す』(柿本昭人氏との共著、世界思想社、1998年)、『社会福祉士・介護福祉士養成テキスト　高齢者福祉論――精選された基本の知識と実践への手引き』(西下彰俊・浅野仁・大和三重編、川島書店、2005年)、『せいしんしょうがいしゃの皆サマの、ステキすぎる毎日』(新評論、2006年)、『孤独死の看取り』(新評論、2015年) ほか。

本書は、映画『ファンタスティポ』から着想を得た「脱力★ファンタスティポ系社会学シリーズ」の第3巻目となる。

寿《ことほ》ぐひと
原発、住民運動、死の語り　(検印廃止)

2020年10月10日　初版第1刷発行

著　者　ドクターファンタスティポ★嶋守さやか
発行者　武市一幸
発行所　株式会社 新評論

〒169-0051　東京都新宿区西早稲田3-16-28
電話　03(3202)7391
振替・00160-1-113487

落丁・乱丁はお取り替えします。

定価はカバーに表示してあります。

http://www.shinhyoron.co.jp

印　刷　フォレスト
製　本　中永製本
写　真　嶋守さやか
表紙絵　田端智美

ISBN978-4-7948-1161-5